拯救拖延症

景　天 ◎ 著
钢琴节奏 ◎ 绘

北方联合出版传媒(集团)股份有限公司
万卷出版有限责任公司

图书在版编目（CIP）数据

拯救拖延症 / 景天著；钢琴节奏绘. —沈阳：万卷出版有限责任公司，2023.5
ISBN 978-7-5470-6164-0

Ⅰ.①拯… Ⅱ.①景…②钢… Ⅲ.①成功心理—通俗读物 Ⅳ.①B848.4-49

中国版本图书馆CIP数据核字（2022）第254053号

出 品 人：	王维良
出版发行：	北方联合出版传媒（集团）股份有限公司
	万卷出版有限责任公司
	（地址：沈阳市和平区十一纬路29号 邮编：110003）
印 刷 者：	辽宁新华印务有限公司
经 销 者：	全国新华书店
幅面尺寸：	145mm×210mm
字　　数：	155千字
印　　张：	8.25
出版时间：	2023年5月第1版
印刷时间：	2023年5月第1次印刷
责任编辑：	张冬梅
责任校对：	刘　洋
封面设计：	刘萍萍
版式设计：	隋　治
ISBN 978-7-5470-6164-0	
定　　价：	39.80元
联系电话：	024-23284090
传　　真：	024-23284448

常年法律顾问：王　伟　版权所有　侵权必究　举报电话：024-23284090
如有印装质量问题，请与印刷厂联系。联系电话：024-31255233

Preface | 序　言

初次见面，你好啊！
我是景天
是一个在北京生活的图书策划编辑以及业余作者
不知不觉，已经做了九年策划编辑了
年景好的时候，策划出版了很多畅销书
3万
5万
10万
50万
也写过几本畅销书
也因此交到了很多志同道合的朋友
快交稿了吗？
别催我还是好朋友
以前的我也有拖延症
最讨厌别人催我

真的不想起床　快迟到了，古汉语的老师会点名的	看完这章再睡吧　一章又一章
好多人，好困	下课才会精神起来
离开长沙	来到北京以后的生活，就是在书堆里打转（北京图书大厦）

拯救拖延症

序言

Contents | 目 录

第一章　为什么我们总是在拖延

003 / 闪开，拖延症来了
007 / 拖延症的六大具体表现
013 / 拖延症分类，你属于哪一种？
020 / 做好准备，向拖延症说"不"
024 / 懒惰与拖延，是对好兄弟
028 / 时间都浪费在哪里了？
035 / 我有拖延症！——这是不错的借口
039 / 拖延的理由很多，每一个都是借口

第二章　建立自信，打造强大的执行力

045 / 克服因不自信而导致的拖延
049 / 提升自我效能感，打破恶性循环
053 / 重拾行动力，克服拖延症
057 / 多点定性，不要虎头蛇尾
061 / "决策恐惧"是怎么回事？
065 / 害怕成功，这很可笑
070 / 想做，什么时候都来得及
073 / 行动都被抱怨消耗光了

第三章　别太焦虑了，完成比完美更重要

- 079 / 完美主义也分情况
- 082 / 追求完美必然会削弱动机并导致拖延
- 086 / 克服完美主义，找回不拖延的动力
- 090 / 强迫拖延——我无法控制自己
- 094 / "快"是核心思想
- 098 / 优先处理讨厌的工作
- 102 / 万事俱备，东风早就吹过了
- 106 / 一次就OK！不在返工里迷失

第四章　时间管理，帮你摆脱瞎忙模式

- 111 / 把时间量化，做好时间规划
- 116 / 四象限法则与二八法则
- 120 / 别小看零碎时间
- 126 / 远离意外的干扰/专注眼前，做好每个步骤
- 131 / 番茄工作法
- 135 / 找到你的黄金时间
- 139 / 每分钟都要有最大价值
- 143 / 行动，与我们的生物钟一致

第五章　结果导向，先建立明确目标

- 149 / 什么目标都需要最后期限
- 153 / 把大目标分解成小目标
- 157 / 多目标，意味着没目标
- 160 / 评估与修正目标的法则
- 164 / 目标可视化，努力看得见
- 167 / 跳一跳，能够得着的目标最好
- 170 / 跟目标无关的事都远离
- 174 / 计划是行动的最佳导航

第六章　精力管理，让自己持续高效

- 179 / 精力才是更高效的生产力
- 184 / 运动为你的大脑注入"清醒剂"
- 189 / 先把睡眠质量管理好
- 194 / 戒掉浪费时间的"手机瘾"
- 198 / 情绪精力的提升
- 202 / 思维精力的提升
- 206 / 意志精力的提升
- 210 / 精力管理训练系统
- 214 / 杜绝精力分散的管理

第七章　及时复盘，别让拖延卷土重来

221 / 防止拖延卷土重来

224 / 摘掉你的"拖延者"标签

228 / 及时复盘，及时避坑

233 / 输给别人，别输给自己

237 / 化被动为主动，找外援不如靠自己

241 / 给点正能量，抛开职业倦怠

245 / 提高延迟满足的能力

249 / 找到并留住战胜拖延的幸福感

后　记

253 / 拖延是种病，没药真不行

第一章

为什么我们总是在拖延

拖延症，简单来说就是把今天的事情搁置到明天。它算不上危害身体的病症，但无时无刻不在困扰着我们，让我们低效、达不到目标、无作为……

那么，我们为什么总是拖延呢？答案在这里。

闪开，拖延症来了

当你想学习的时候，刚翻两页课本，就觉得家里所有的东西都在召唤你：该上厕所了；最喜欢的综艺节目更新了；游戏的战斗打响了……

春节过了，当你立下目标要减肥的时候，就发现朋友圈里的美食照片或者视频实在太吸引人了，夏天要吃烤串配啤酒，秋天的第一杯奶茶不得不喝，冬天的火锅太诱人……

听说大家都有这样的困惑，深受其害却只能默默流泪，即便泪流成河，也只能困在其中。

这就是拖延症。

有人认为拖延症是因为"懒",但实际上拖延症是指"自我调节失败,在能够预料后果的情况下,仍然把计划要做的事情往后推迟的一种行为"。拖延的英文是 procrastination,意思就是非必要、有害的推迟行为。

拖延症作为一种普遍存在的社会现象,被人戏称为"万有拖延定律"。

流行病来袭！拖延症

2019年，中国高校传媒联盟面向全国199所高校的大学生展开调查，调查结果显示，97.12%的学生认为自己有或偶尔有拖延症，94.5%的受访者曾为自己的拖延行为感到过后悔。

严重的拖延症会对个体的身心健康带来消极影响，如出现强烈的自责情绪、负罪感，不断地自我否定、贬低，并伴有焦虑症、抑郁症等心理疾病，一旦出现这些状况，需要引起重视。

拖延症的六大具体表现

我们每个人,每一天都以不同方式在拖延。其中,每天拖延一到两个小时,是我们大多数人拖延的时间区间。

今天你拖延了吗?

但是如果你是长期拖延，又一直无法克服这个症状，那就可能需要运用更好的措施，介入处理这个问题了。

想要解决你的拖延症，首先要了解一下，拖延症具体有什么表现呢？

1. 自我效能低，缺乏自信心

美国心理学家班杜拉认为个体的自我效能感，决定了完成某项任务的自信度。简而言之，对任务完成没有信心，会影响你是否能立即采取行动。也就是说拖延行为的发生，一定程度上是由于自我效能太低导致的。

2. 懒散享乐，意志力不强

心理学上认为这些人的"情境转换功能"有缺陷，难以从休闲娱乐状态，迅速有效切换到工作状态。在完成一个事务以后，需要休息很长时间，才能开始另外一个事务。或者固于某种思路而停滞不前，进而表现为拖延。

3. 动机不稳定，缺乏执行力

这种无聊的东西有什么做的意义吗？留到最后熬个夜就好了！

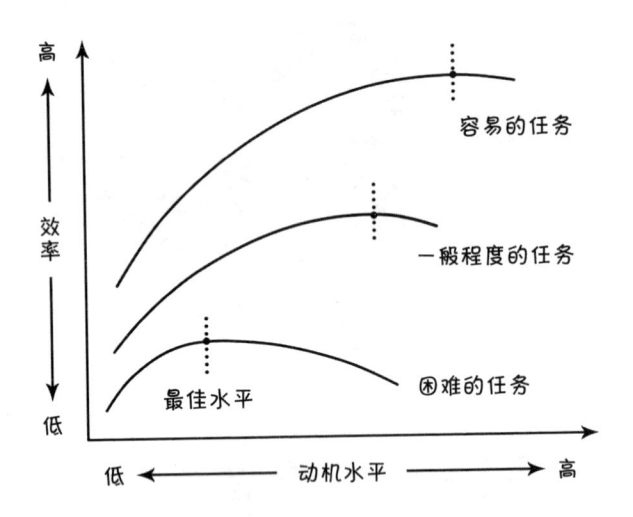

根据心理学中有关于动机水平的著名理论——耶克斯多德森定律，我们可以发现动机强度和行为效率之间呈现出倒U形曲线关系，中等强度的动机最有利于任务的完成。

如果个体动机水平没有调整到最佳状态，或者动机水平过高、过低都会影响工作完成的效率。拖延症患者大多是因为动机水平不稳定，导致拖延的现象出现。

4. 盲目从众，规避做决策

不会主动去做事情，而是被动地接受。受周围环境影响，身边有许多拖延症患者，形成了拖延氛围，自己也盲目从众而导致拖延。

随着我们日常生活节奏的加快，学习和工作任务不断增加，每天都需要做出很多日常决策，由于人们往往有规避决策的倾向，所以会导致我们的很多决策往后推迟，从而产生拖延行为。

5. 没有时间观念

拖延症患者往往都容易迟到。他们缺乏时间观念，不会考虑到别人的时间安排，会影响到别人的情绪，更会破坏团队的合作。

6. 善于欺骗自己

拖延症患者还善于欺骗自己。他们会找到各种理由来让自己的拖延行为合理化。

比如，今天吃饱饭明天才有动力减肥；我今天晚点睡，明天再开始早睡吧；现在不着急，等快到最后期限了再开始写论文，有压力才有动力。

拖延症分类，你属于哪一种？

除了少数的自暴自弃，大部分拖延症患者还是有意愿、有积极性去战胜拖延症的，也取得了不小的成效。就是说，拖延症的治愈，关键就在于治心。

这就需要我们搞清楚拖延行为的内在原因，以及拖延症类型究竟有哪些。

把事情往后推迟，只是行为的结果，导致这种行为结果的原因是自我调节的失败。拖延症，实际上反映了我们潜在的自我焦虑与自我毁灭，想要战胜它，需要从治心开始

拖延症的分类，有不同的标准，标准不同，类型就不同。哥伦比亚大学心理学家安吉拉把拖延行为区分为两种状态，一是消极拖延，二是积极拖延。相比之下，前者拖延是为了逃避，逃避失败，逃避责任，逃避下决定；而后者则是喜欢在压力下工作，有意图地做出拖延的决定，误认为这样才能更高效、更激发个人潜力。

具体来说，拖延症可以分为以下几类：

1. 焦虑型

焦虑型拖延症可能由各种原因导致，诸如自我效能低、懒惰等。但不管怎样，人们都会因为截止期限的临近而越来越焦虑，坐立不安，导致更加拖延，形成一种恶性循环。

它是一种比较严重的拖延症，若是不加控制与治疗，有可能导致抑郁、焦躁、自闭等心理疾病。

自我效能低的人更容易患上焦虑型拖延症，因为担心自己能力不足，所以迟迟不敢行动，甚至被迫给自己找借口。或许这与性格有关，或许与潜意识情结有关——小时时常被贬低、被打击，平时或许表现不出来，但到关键时刻就掉链子了。

可惜的是，拖延不仅无法解决他们的问题，反而让其自卑心理更严重，于是在拖延后备受自卑、焦虑的煎熬。

2. 盲目型

盲目型拖延症就是时间管理能力差，有高效做事的意愿，却缺乏高效做事的能力。

这就是典型的缺乏自控能力、自我管理能力的表现。

这一类人拖延的原因主要有以下方面：

盲目自信——对自己能力没有清晰准确的认知，且时间观念差。明明知道拖延不对，但是因为长久的盲目自信，导致拖延成了习惯。

不懂规划——做事缺乏规划能力，不能对工作进行轻重缓急的分类，以至于把时间精力花在不重要的事上；或者混乱没条理、管理无方难统筹，这都是不懂规划导致的效率低下。

盲目从众——自控能力差，时常受他人的影响。大家玩，我也玩；大家休息，我也休息。殊不知别人已经高效完成了工作，而你还盲目地拖延着自己的工作。

追求完美——内心追求完美，对自己高标准、严要求，但事实上，自己的能力无法实现目标。于是，盲目地追求完美，与能力不足形成强烈反差，导致自己无所适从，只能拖延。

3. 享乐型

享乐型拖延症是比较普遍存在的，表现就是贪图拖延而得到的愉悦、快乐，逃避工作的痛苦。那些喊着"再睡五分钟就起床""玩完这把游戏，我就开始工作""我先休息半天，下不为例"等的拖延行为都属于享乐型。

拖延时，他们没有焦虑感，更多地表现为控制不住地想及时行乐，同时，他们很难从休闲娱乐状态迅速地切换到工作状态。一项任务完成后，明明想好了休息五分钟，可是一旦休息了，就很难再迅速回到工作状态。

4. 选择型

选择型拖延症与以上其他类型不同，它是一种主动的、有意的拖延，也是一种积极的拖延。制定了截止日期，但是选择最后期限之前的两天才行动，就是为了在压力下激发自己的潜能，让时间发挥最大效用。

他们普遍认为："灵感，在最后一刻才迸发出来！""高效，都是被逼出来的！"的确，他们的工作实现了高效，灵感与潜能也得到了激发。然而，这种拖延是浪费时间的，对于长期高效工作是无益的。

以上，就是四种拖延症类型，各有各的成因，各有各的特点。我们可以评估一下，看自己究竟属于哪一种类型。如果还不清楚，也可以根据以下题目自测一下，弄明白自己的拖延症类型，之后才有利于"对症下药"。

（1）你善于按时完成工作吗？
A. 我会在最后期限开始工作
B. 是的，我会按时完成工作

（2）你能在压力状态下很好完成工作吗？

A. 当然，有压力才有动力

B. 我不能承受压力

（3）做重要决定时，你感到轻松吗？

A. 我是个勇敢者，从不怕下决定

B. 算了吧，还是让别人下决定吧

（4）你担心别人的看法吗？

A. 不，爱谁谁吧

B. 是的，我怕别人议论

（5）你重视工作吗？

A. 我的工作非常重要

B. 我更喜欢享受

（6）你是否总是"伪工作""假努力"，白天可以做完的事，总是拖到晚上做？

A. 是的

B. 不，我按时完成

（7）你怎样处理问题？

A. 不分主次，一项一项地完成

B. 确定轻重缓急，按时优先级来完成

（8）团队合作时，别人怎样看待你？

A. 非常愿意与你合作，多多夸赞你

B. 面露难色，不愿与你合作

（9）在工作中你感到快乐与满足吗？

A. 是的，我觉得工作让我快乐

B. 我对工作不满意，因为没达到完美

（10）你害怕失败吗？

A. 是的，我不想一无所有

B. 不做，就不会失败

自测结束，你属于哪一种类型的拖延？

做好准备,向拖延症说"不"

明日复明日,

明日何其多。

真心不想做,

往后拖一拖?

这是无数拖延症者的心声吧!

拖延是一种复杂的心理问题,谁都有拖延的行为。那拖延的行为动机是什么?

拖延行为可以分为两类，一类是唤起性拖延，一类是回避性拖延。

唤起性拖延的动机，就是为了寻求冲刺目标的快乐感，认为在压力下才有效率。凡事都拖延到最后一刻，不到截止日期就绝不行动。可这样效率高了吗？不，如果算高的话，那么之前浪费的时间又算什么呢？

为了寻求冲刺目标时的快乐，实现24小时高效，却浪费了三天甚至一个星期的时间，实在是可笑！

回避性拖延的动机，其实是一种自我防御，更愿意让他人相信是因为自己不够努力而造成的任务失败，而不是没有能力或者天赋。

他们对任务是抗拒的，是因为自我效能不足，自尊心又强、爱面子，而选择回避的行为。

具体原因可能有下面几个：

（1）任务过重或难度过大，超过其能力范围；

（2）对事情没兴趣，内心不愿意去做；

（3）担心付出与回报不符，认为自己的努力得不到肯定。

除了上述三类拖延行为，有一些人的拖延行为是由于其生理状态的因素导致的，比如强迫症、完美主义、抑郁症、季节性情绪紊乱等。因为心理存在着问题，虽然他们常常与内心发生冲突，但也不可避免陷入拖延。

拖延症不可以战胜吗？患上拖延症就没有救了吗？

不不不！拖延症患者都是能意识到自己有拖延行为的，只要坦然地面对，做好准备，就可以治愈。

1. 做好心理准备

拖延，其实是我们与自身如何相处的问题，反映了一个人能否接受自己真实的价值、能力、需求和感受。

想要战胜拖延，我们需要接受自我，接受自己有拖延的行为，而不是自我否定，然后坦然地面对拖延。

这是第一步，也是关键的一步。

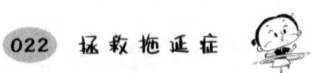

2. 找到改变动机，做好改变的准备

动机不同，结果大不相同。

我们需要找到改变的动机，即为什么要改变，提升自我效能、完成任务还是成就自己。不管动机是什么，找到它，就可以刺激与鼓励我们做出改变。

3. 发现克服拖延的好处

光找到动机还不够，我们要发现克服拖延的好处，哪怕只有一个。

一般来说，好处有以下几种：

高效、节约时间、改善生活、摆脱焦虑、提升自我效能、让自己更出色……

明确了好处，行动就更有动力。

4. 做出公开承诺

向自己与别人公开承诺：我要战胜拖延！向拖延说"不"！这就是给自己一个监督，也起到了强化行为的作用。

拒绝拖延症，从今天做起，从现在开始。

懒惰与拖延，是对好兄弟

拖延，常常与懒惰联系在一起，有时我们也分不清自己到底属于拖延还是懒惰。就是说，拖延与懒惰是有一定交集的，且相互关联着、影响着。

与拖延有关的因素，一般可以分为不自信、没动力、分心不专注、看不到回报、不会管理时间。与懒惰有关的因素，一般可以分为懈怠、缺乏行动的欲望、好逸恶劳等。

拖延，并不一定因为懒惰。但是懒惰，往往因为缺乏原动力、欲望而推迟做某事。

处于"懒惰"状态的人，原本计划周日上午去采购，补充冰箱物资。早上，看时间，还早，再睡一会儿；醒来，再看时间，到中午了，还不愿意行动，继续赖在床上，吃点零食充充饥；接下来，玩手机、打排位，累了，就继续睡；再一醒，晚上了……冰箱已经空空，肚子也咕噜噜地叫，只好洗个澡，出门，到附近超市采购。

"懒"造成的推迟，就是拖延。与其他原因造成的拖延不一样，这些拖延症不会产生消极情绪，反而自得其乐。

等一会儿，再等一会儿……

懒惰，就像是一只庞大的怪物，站在我们的面前，随时准备阻止我们做任何事情。它是人们长期养成的恶习，在它的影响下，我们做事拖延、磨蹭，乐于享受，甚至连意志力都被摧残了。

拖延症者有想过打败这只怪物吗？或许有吧，但是心动了，却没有行动，而且总是可以为自己找到那么多充分的理由。

懒惰与拖延，牵着手，走到一起。被它们感染的人，稍微努力一些，就以为自己做了很多，于是对自己的要求又降低了。这是一个温水煮青蛙的过程，让人的心灵变得灰暗，使人慢慢沉溺其中。

如果发现我们自己被懒惰与拖延纠缠上,如何去自救呢?

1. 下决心与懒惰分手

懒惰,并不是什么难克服的恶行,只要我们经常检查自己,严格要求自己,总是鼓励自己,那么懒惰就会远离。

当不愿意行动或者拖延行动时,问问自己:我又犯懒了吗?想一想那些勤劳的人,看一看身边忙碌的身影,就可以有所改变。

懒惰,
我要与你分手,
和你决裂!

2. 与别扭的自己和解

改善拖延的一个方法，就是与自己和解。也就是说，要学会与自己谈判，不能对自己太苛刻，也不能对自己太宽容。

比如，你赖在床上，不想工作，要与自己谈判：

"不想起床？"

"是的！"

"不行，你只能再躺 10 分钟，然后必须起床！"

"好的！"

记住，这只能有一次，不能一个 10 分钟又一个 10 分钟，否则永远也无法治愈拖延。

3. 行动前偷懒 VS 完成后享受

行动前，不能偷懒，任何理由都不行。工作期间，可以休息，但是不能故意拉长休息时间。这两者都容易滋生懒惰与拖延，不利于工作效率提升。

但完成任务后，或者完成一个阶段的任务后，享受空闲时光还是可以的，这有利于刺激我们工作的积极性与持久性。

时间都浪费在哪里了?

拖延是浪费时间的表现。

浪费时间,并不是我们所情愿的,拖延也不是我们所要看到的。可是,因为没有时间概念,不懂得高效工作,于是它们就始终困扰着我们。

如果你不知道自己的时间浪费在哪里,不妨来看看下面"你的时间都去哪里了"的问卷调查:

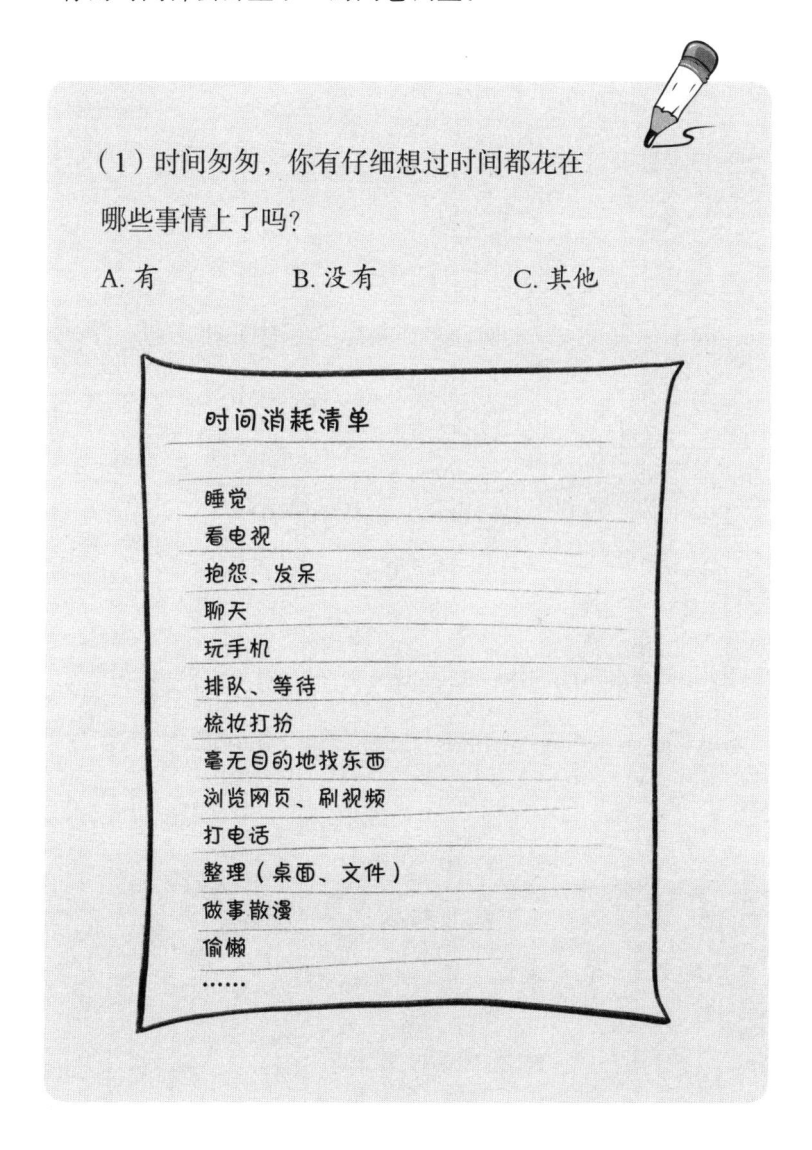

(1)时间匆匆,你有仔细想过时间都花在哪些事情上了吗?

A.有　　　　B.没有　　　　C.其他

时间消耗清单

睡觉
看电视
抱怨、发呆
聊天
玩手机
排队、等待
梳妆打扮
毫无目的地找东西
浏览网页、刷视频
打电话
整理(桌面、文件)
做事散漫
偷懒
……

（2）你是怎样对待你的时间的？

　　A. 从未规划过　　B. 规划过，但未执行

　　C. 正在按规划执行

（3）你经常出去游玩或是逛街吗？

　　A. 是　　　　　　B. 否

（4）你每天发呆的时间多还是思考的时间多？

　　A. 发呆　　　　　B. 思考　　　　C. 其他

（5）你经常利用时间做自己喜欢的事情吗？

　　A. 从不　　　　　B. 偶尔会　　　C. 经常

（6）你身边的同事经常玩游戏或者聊天、刷视频吗？

　　A. 是　　　　　　B. 否　　　　　C. 不知道

（7）你怎样利用你的空闲时间？

　　A. 阅读　　　　　B. 玩游戏　　　C. 逛街

　　D. 交友，谈恋爱

（8）你的工作不高效的原因是什么？（多选）

A. 心情不好　　　　B. 有突发事件打扰

C. 任务有难度　　　D. 同事或老板的原因　　E. 其他

（9）你的自控能力怎样？

A. 良好　　　　B. 很差　　　　C. 时好时坏

D. 并不注意它

（10）你认为以下哪些事属于浪费时间？（多选）

A. 参加公司团建活动　　　B. 上网玩游戏

C. 学习知识　　　　　　　D. 逛街，看电影

E. 发呆　　　　　　　　　F. 其他

（11）如果你想提高时间利用率，你会怎样去做？（多选）

A. 不必要的事少做些　　　B. 有计划的好习惯

C. 经常提醒自己专注　　　D. 少讲空话，多干实事

E. 珍惜时间

很多人在不知不觉中浪费了大量时间，尤其网络越来越发达之后，每天浪费在刷短视频、看直播、玩游戏、购物上的时间越来越多。

时间都浪费了，工作效率自然低了，加班就成了常态。别人早早就回家、约会，你却孤零零地在办公室"奋斗"，抱怨"为什么命苦的只有我自己"！

为什么？时间明明该够用的，却变得不够用了？

其实，有些事情完全可以省掉，尤其是在工作的时候，更应该拒绝因为这些事情浪费时间。诸如聊天、刷短视频、玩游戏、偷懒，等等。省掉它们，我们的时间就节省了40%。

当然，除了这一点，我们还需要有效的方法。

1. 做时间计划，合理安排时间

当我们意识到时间不够用，总是需要加班才能完成工作时，说明我们已经拖延、浪费了许多时间。这时，我们需要根据自己的工作量、能力来制订合理的时间计划，做好时间计划表。

时间计划表包括有哪些工作需要处理，按照轻重缓急的顺序来做，如第一项做什么，需要多少时间；第二项做什么，需要多少时间。以此类推。

2. 必须严格遵守时间表

如果做了时间计划表，你却不按照它去做，那么它就是一纸空文。即便有急事，也不能被其打乱，可以先处理急事，然后再处理正在处理的事情，把其他事情延后。也可以特意留出一些处理紧急事情的时间，如果有急事，就处理；如果没有，就处理繁杂的小事，比如回电话、整理文件等。

3. 不忙里偷闲，而是有效安排休息、运动时间

休息好了，才有精力与动力。我们可以在工作之余安排休息时间、运动时间，补充体力、放松大脑。然而，工作还没完成就偷小懒，是万万不可的。

4. 巧用管理时间的技巧

一些管理时间的技巧是非常有效的，比如列出计划清单、使用打卡 APP、番茄工作法、使用甘特图等。我们详细了解一下甘特图吧。

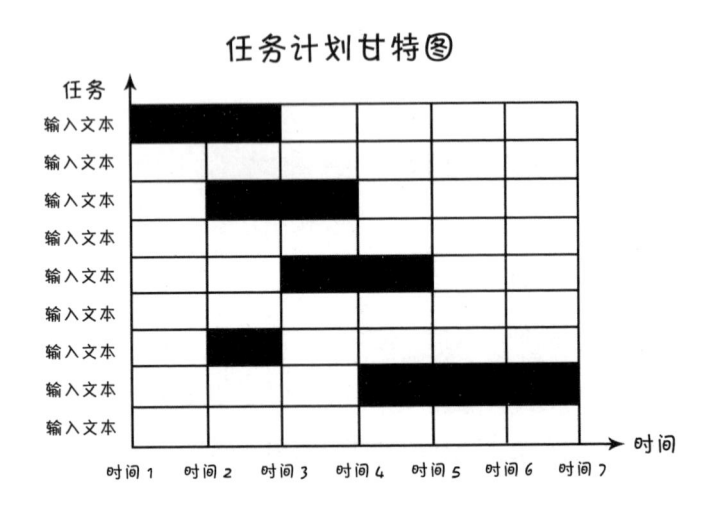

任务计划甘特图

任务 \ 时间	时间1	时间2	时间3	时间4	时间5	时间6	时间7
输入文本	■	■					
输入文本							
输入文本		■	■				
输入文本							
输入文本			■	■			
输入文本							
输入文本		■					
输入文本				■	■	■	
输入文本							

使用方法：左侧输入自己要做的事情，在横向画出哪些时间花费在这件事上，这样一来，一天下来花费的时间就会形成一条横线，直观地表现出我们的时间用在哪里。

我有拖延症！——这是不错的借口

现在，拖延症实在是太普遍了。随便在大街上做个调研，10个人中就有9个有拖延症，还有几个是拖延症晚期。

要问他们，为什么总是拖延，他们都会回答："哎呀，我有拖延症，我也没办法！"

"我有拖延症"已经成为许多人拖延的借口，好像拿出这个借口，就可以光明正大地拖延。有的人甚至会营造出一种假象：我很有上进心的，都是拖延症把我害惨了！

可是，真是这样吗？

或许这些人没有拖延症，拿拖延症当借口，只是为了掩饰自己的懒惰，或者能力不足。表面上，他们对于拖延症无可奈何，去除不掉"拖延基因"，但是他们知道是因为自己禁不住各种诱惑，无法坚持去克服拖延。

这种情况，名人也会陷入其中。胡适先生就是这样，他曾经分享了一个自己的案例。

在《胡适留学日记》里他是这样写的：

七月十二日：新开这本日记，也为了督促自己下个学期多下些苦功。先要读完手边的莎士比亚的《亨利八世》……

七月十三日：打牌。

七月十四日：打牌。

七月十五日：打牌。

七月十六日：胡适之啊胡适之！你怎么能如此堕落！先前订下的学习计划你都忘了吗？曾子曰："吾日三省吾身。"……不能再这样下去了！

七月十七日：打牌。

七月十八日：打牌。

朋友们，看到了吧！名人也不能例外，不过，虽然胡适没能战胜拖延症，但是我们却可以做到，只要我们抛弃"我有拖延症"的理由。

1. 不去想"我有拖延症"

这个世界上真的存在"拖延基因"，但是它不是，也不应该成为我们拖延的理由与借口。

你做事拖拉了，下意识地想："这个任务我可能完成不了，因为我有拖延症。""我有拖延的毛病，我会成功吗？""这不怪我，因为每个人都有拖延基因。"一而再，再而三，你的心中便给自己下了定论——我有拖延症,所以我必定拖延!

再之后,这就成为你的借口,欺骗自己,也欺骗别人。然而,欺骗不了自己,也欺骗不了别人。

2. 绝对不拿"拖延症"当借口

很多时候,可怕的不是拖延症,而是拿"拖延症"当借口。这样去做,就是纵容自己,一旦纵容自己,那么结果不言而喻,你将自暴自弃,永远也摆脱不了拖延的纠缠。

3. 发现问题本质,审视自己,改变自己

大部分的拖延,只是处于拖延阶段,不是真的患了拖延症。到了"拖延症"的地步,人的情绪会受到严重影响,会出现一些病理性疾病,伴随焦虑、抑郁症心理疾病,以至于严重影响正常生活。

所以,我们要拒绝拿"我有拖延症"当借口,审视自己的行为,发现问题的本质,之后,改变自己,完善自己,就可以战胜拖延,实现高效。

拖延的理由很多，每一个都是借口

习惯性拖延者总是习惯为自己的拖延找各种借口：

我不喜欢这件事，还是等到以后再做吧！

这个不是我的专业领域，做得肯定不好！

今天心情不好，还是休息一天吧！

这个很简单，很快就完成，那么我一会儿再做也没关系！

这段时间太忙了，不可能完成这么多工作量！

我经验不足，没办法开始！

如果其他人配合我的话，我很快就能完成了！

……

这些话你熟悉不熟悉？这样的借口你在拖延时使用过多少个？

喜欢寻找借口，这就是你无法取得优异成绩的一大原因。只是你没有发现，有耗费心思找借口的时间，你或许已经可以完成任务了。

借口，可以让我们轻松，可以把我们的懒惰、逃避等掩盖掉。但是，找借口不但解决不了任何问题，还将让问题变得越来越糟糕，会将小问题，拖延成大问题；小麻烦，拖延成大麻烦。

好处：
找一个挡箭牌
不必被人责罚
心理得到平衡
掩饰自身弱点
得到片刻轻松

找借口

坏处：
自欺欺人
自我纵容、沦陷
形成不好的习惯
自我感觉良好
降低对自我的期待

别让借口成为一种习惯

那么，人们往往喜欢找哪些类型的借口呢？即，所找的借口都是哪一种类型呢？

（1）对结果的恐惧。

（2）面对复杂事物的无助感。

（3）这个任务没有截止日期，我不需要着急。

（4）害怕感到不适。

（5）我有拖延的基因，它已经成为我的常规行为模式。

（6）用"合理"的理由说服自己。

（7）不知道从何做起。

（8）完美主义。

这些类型虽然不全面，但是却包括了大部分人喜欢找的那些借口。

一旦事情不完美，或者事情被拖延，他们就从这些方面下功夫，绞尽脑汁，以换得他人的理解和原谅，得到心理上暂时的平衡。

再合理的借口也不过是借口，也许一两次并没有太大的影响，但一旦成为习惯，后果是非常可怕的。我们需要付出的代价，也是非常巨大的。它给我们带来的危害远远大于给我们带来的好处。

那么，我们应该如何去做？

1.坦然地承认错误，坚定地去行动

当没完成任务时，我们不应该想着去寻找借口，为自己推卸责任，而是应该勇敢地说："这是我的错！"当接到某些工作任务时，不是拿一些借口来当挡箭牌，而是坚定地去行动，然后对自己说："我一定努力高效、高水准地完成！"

2. 不找借口，找方法

找方法是解决问题的根本。当我们完不成任务时，或者不愿意行动时，需要思考、反省，而不是选择逃避。找到解决问题的方法，那么结果就会不一样。

3. 改变对借口的态度

我们对借口的态度，决定了我们拖延的行为。所以，我们需要改变对借口的态度，慢慢从依赖借口到拒绝借口。找借口并不能让我们解决问题，反而会让问题越来越麻烦。

第二章
建立自信，打造强大的执行力

　　自我效能低往往导致不自信。而不自信，便会不自觉地拖延。所以想要战胜拖延，我们就必须提升自我效能，打造强大的自信心。

克服因不自信而导致的拖延

人们很容易被失败暗示,而不能自我觉察。

害怕自己做不好报告,害怕被客户拒绝,都是担心得到负面评价,对失败有恐惧。根源都是缺乏自信。

我曾经失落、失望、失掉所有方向

因为不自信，对自己完成任务的能力担心、焦虑，于是为自己设置障碍——拖着，不行动。这时候的心理状态大致是这样的：曾经在工作上遭遇挫折，被领导批评，被客户拒绝，于是对自己产生怀疑，认为自己能力不够，不能很好地完成任务。再接到任务时，便给自己消极暗示："如果我做不到，怎么办？""这个工作很难，我恐怕无法出色地完成。"接下来，逃避心理就产生了，找各种理由来拖延工作进度，状态不对，时间太紧，还有一些准备没做好，等等。

结果，越拖，越焦虑；越拖，越不自信。即便到了最后，硬着头皮做了，也是畏首畏尾、犹犹豫豫，然后真的就失败了！

如果仔细观察我们会发现，有拖延症的人容易在困难面前放弃，尤其是在等待评估的时候。因为他们不能认识自我价值，不断地自我否定，所以陷入自我挫败的负面思维定式中，然后选择逃避、拖延，同时给自己找借口。于是，"以后再处理吧""等会儿我再去做"就成了他们的口头禅，至于明天如何再说吧，反正今天舒服了就行。实际上，这借口，只是在安慰自己，连自己也欺骗不了。

这一类拖延者想要克服拖延，应该怎样去做？

1. 建立自信

我们外在的行为表现，其实是我们内心世界的反射。我们担心做不好工作、恐惧失败、行动前犹犹豫豫，说明我们是不自信的，时常在内心自我否定。

那么，如何建立自信？

首先，把消极的想法转变为积极的想法，把负面暗示变为积极暗示。当听到内心的声音说"我做不到"的时候，强迫自己反复说："我能做到。"当你这样做了，并且慢慢养成习惯，便变得自信起来。

其次，看到自己的优势，找到自己做得好的事情，给自己肯定与夸奖，看到自己的价值。

最后，从简单的事情做起。就算任务有难度，也不要担心做不到，不要拖延，分析整个事件，从简单的那一部分做起，慢慢地便会得心应手。

2. 认清拖延的害处

拖延，只会加重我们的不自信与懦弱。诚然，人有趋利避害的本质，因为惧怕失败，而不敢行动。

从这一点来说，拖延似乎成了最合乎情理的弱点，所以也不自觉地放任自流。然而，这样一来，它就让我们浪费了许多时间，也让我们越来越被其困扰，距离优秀与成功越来越远。

所以我们必须克服拖延与不自信，这样才能重拾自信与勇敢。

提升自我效能感,打破恶性循环

一旦开始一拖再拖,我们就会陷入安逸和懒惰的旋涡,之后便是恶性循环:拖延—享受安逸、懒惰—自我效能感降低—失去自信—拖延……

什么是自我效能感?

就是一个人对自己是否有能力完成某一件事的推测与判断,也是对自己是否能完成某件事情的自信程度。有的人,自我效能感强,所以能在工作时充分地发挥智慧与努力,完成任务,做得出色;有的人,自我效能感弱,所以在工作时不自信、表现差,就算有能力,也无法做得出色。

可惜的是,很多人的自我效能感是比较弱的,不愿走出舒适区,不想要压力,不相信自己能完成有难度的工作任务。而且,他们的毅力变差了,心态变差了,行动力也变差了。

自我效能感强
- 对参与的活动有浓厚兴趣
- 对自己感兴趣的事和参与的活动有较强责任感
- 能从挫折和失败中迅速恢复
- 能接受具有挑战性的任务,且有信心做好

自我效能感弱
- 回避具有挑战性的任务
- 认为自己没能力完成有困难的任务
- 把目光放在失败和自己的弱项上
- 对自己的能力没信心

具体表现:

不愿意努力工作,觉得自己处理不好问题;

对自己实现目标的能力没有信心;

认为自己不能应对突发事件;

在压力事件后,不能迅速恢复;

遇到问题时，认为自己无法想出解决方案；

发现某件事看起来很困难，不愿意或者不敢继续努力；

面对突发事件，时常惊慌失措；

容易被待完成的事情压垮；

看着堆满的工作，焦虑不已；

担心自己的努力工作得不到回报。

可以说，自我效能感弱，就是一个人不自信、拖延、懦弱的关键动机。想要成功，摆脱拖延，我们就需要培养和加强自我效能感，提升心理韧性。

1. 设立合适、合理的目标

我们不管做什么，都需要设立合理的目标，可以量化，有一定的挑战性，通过努力能在一定时间内完成，这样一来，可以让我们有成就感，建立自信心。有了信心，对于自我评价与判断自然积极起来，进而提升了自我效能感。

2. 庆祝一次次小成功，给自己积极的暗示

当我们有了一些成功，不管是大是小，都应该庆祝，且给自己夸奖。即便是一次很小的成功，比如邀约到客户、做的

PPT 得到上司肯定,也需要为自己庆祝,这有利于树立自我信念,对自己进行积极暗示,同时后续会伴随愉悦的情绪,让我们的行为受影响。

3. 利用榜样的力量

榜样的力量是无穷的。我们可以观察他人,看他们相似的成功经验,这也有利于我们增强信心、提升自我效能感。

4. 学会转移注意力

当我们遇到困难时,要学会转移注意力,有效地得到正向反馈。比如,不去说自己能力不行、智商不够,而是检查一下是否被客观原因限制了、不够努力、条件限制等。这不是找借口,而是转移注意力到解决方案上。

重拾行动力,克服拖延症

很多人是思想上的巨人,行动上的矮子。他们总是制订了完美的计划,可是等到需要行动时,却退缩了。

根源是缺乏行动力。

行动力是什么?不是想行动的那一念,而是你行动起来的那一刻。光想不动等于零。

行动是成功的开始。行动力取决于两方面的因素,一是能力,一是态度。前者是基础,后者是关键。只有行动不打折,结果才不会错位。

其实，每个人都可能产生逃避、退却的心理，尤其是面对难题与大的挑战的时候，会犹疑不决甚至有放弃的念头。然而，世界上最愚蠢的行为就是逃避，当你应该去行动的时候，就应该大胆地去做，这才是最好的选择。或许你会犯错，但是在之后不断鼓励自己、完善自己，结果也是有收获的，且可以迎来更大的挑战机会。

如何重拾自信与行动力？很简单，我们需要做到以下几点：

1. 重温目标

如果可以的话，我们需要给自己一些时间，重温自己的目标——希望自己完成什么挑战，期盼自己得到什么成绩。

可以进行冥想，坐在椅子上，放松全身，闭上双眼，慢慢吸气，然后深呼一口气。重复三次。

想着自己的目标，想着它对自己的意义。

2. 回忆自己的工作经历

重温目标之后，可以回忆自己的工作经历。

如果你已经在这个岗位工作了5年，那么可以把这5年划分为不同的阶段，回忆所取得的成绩，这样便可以重拾信心。

如果在某项任务上遇到难题,可以回忆自己曾经做过的类似任务,完成类似挑战,这样便可以给自己鼓励。

3. 完成任务时先易后难

先易后难,是一种建立信心、克服拖延的绝佳技巧。

简单的工作好上手,容易让我们迈开步、动起来,且容易让我们得到积极的反馈。取得了一些进展或成绩,自然就信心增加了。信心增加了,行动力自然也就强了,形成了良性循环。

4. 勇敢地面对恐惧

每个人都有恐惧的心理,哪怕是小小的恐惧都会打击你的信心。越恐惧,越逃避,越不敢做什么事情。所以,我们要直面内心的恐惧,战胜恐惧,感受真正的力量,进而提高自己的信心,从拖延中挣脱出来。

5. 不给自己留后路

"以后还有机会""时间还比较充裕"……当你说这些时,

就是有意识地给自己留后路,为拖延的行为找看似冠冕堂皇的借口。

留了后路,那么行动的决心就不自觉地被卸掉了。疲倦的心态,也导致我们失去了信心,因为一点点原因就拖延、逃避。

总之,不自信是行动力不强的杀手。想要打造强大的行动力,不再拖延,不再犹豫不决,就必须建立强大的自信!

多点定性,不要虎头蛇尾

高效率者不在能力的高低,不在行动的快慢,而在于有定性。往往做事有始有终、积极负责的人,才是最高效的那一个。

可惜,很多人却没有做到这一点,他们总是三分钟热度。当接到一个新任务时,总是热情高涨,做得仔细又认真。可是,几天后,这种热情和负责的态度就消失了,或者拖着工作"慢慢地干",或者干脆就放弃了。

他们的理由有很多:

工作变得枯燥、乏味了;

遇到了难题;

对目标产生了怀疑;

努力了这么久,还没有成果;

……

挖了无数的井，都因为半途而废而失败。这样做事，永远都在重新开始，永远有头无尾、虎头蛇尾，最后没一件事做成、做好，以至于慢慢地变成了低效、拖延，工作一直拖泥带水。

更重要的是，这有可能给人带来心理上的挫折感，养成容易放弃、不坚持的习惯，而这将是个人最大的损失。

之后，他们再接到任务，遇到困难与失败，并不是想着如何坚持做下去，而是否定自己，"我做过了，可是失败了，再试也没有用了。""反正没有什么进展，我还是尽早放弃吧！"或是推卸自己的责任。

想要做事有始有终，不虎头蛇尾，我们需要做到以下几点：

1. 心有热情,保持热情

很多人并不缺乏热情,而是无法保持长久的热情,因为习惯了拖延,喜欢等待、耽搁,以至于热情消耗;因为对工作没兴趣,对生活没希望,无法全身心地投入工作。

热情没了,倦怠、疲惫也会随之而来,那么工作就成了应付,会一再拖延、降低工作效率。

想要保持热情,我们要重拾对工作的兴趣、新鲜感、征服感,同时定一个目标,努力实现这个目标,在达到这个目标之后,再确定下一个目标,努力去完成。

2. 拒绝把工作放在一边儿

很多人习惯工作一会儿,就把它放在这一边,然后有时间再接着去做。在他们看来,自己已经完成了什么,且有信心能继续去完成。

果真如此吗?这样做,就好像是足球运动员在临门一脚的刹那间收回了脚,等过一会儿再射门。结果,之前的努力都白费了,想要再射门,需要花费更多时间与精力,且还不一定成功。

3. 抛弃"下一个任务更简单""下一个工作更好"的想法

抱着这样的想法,我们永远都在各种工作中周旋,每个工作都做了一些,却都没完成,最后因为低效而被淘汰。

"决策恐惧"是怎么回事？

工作中我们必然要面临无数次决策，一次决策就是一次考验。这种情况下，一些人可以轻松地决策，且做到有效、合理，一些人却无法轻松决策，始终在决策与不决策、选 A 与选 B 之间纠结。

面对决策，反复权衡，举棋不定，是高效做事、实现目标的大忌。其实，这种现象叫作"布里丹毛驴效应"，是法国哲学家布里丹根据自己家毛驴的"悲惨遭遇"而得出来的。

事情原来是这样的：布里丹家中养着一头小毛驴，他每天都买一堆草料来喂它。有一天，送草料的农民多送了一堆草料，放在驴棚的两端，这下毛驴看着两堆草料，一时不知道选择哪一堆是好。它看看这个，又瞅瞅那个；瞅瞅那个，又看看这个……它就这样站在原地，始终无法决定选择吃哪一堆，竟然在犹豫中饿死了。

选 A 还是选 B 真的这么困难？

其实，决策恐惧有五种可能性：

1. 决策信心不足

一切恐惧，都因为我们的不自信，认为自己不够强大，没有承担不良后果的勇气。因为不敢做决策，所以犹豫不决，左右为难。

2. 决策能力不足

决策能力不足主要表现在几个方面：不能判断 A 好还是

B好，没有长远的眼光，不能灵活应变，认知能力差，等等。只是靠"第一感觉"或冲动进行选择，而不是做出最优决策。

3. 决策意愿不足

就是懒得思考、懒得做选择，为了推进进度而随便就做决定，或者把决策的权利交给其他人，自己坐享其成。一旦出现差错，可能以此为借口，推卸责任。

4. 容错能力不足

因为能力不足，无法承担后果。一旦失败，就承受不住打击。于是，一方面选择逃避做决定，一方面推迟决定的时间，拖延再拖延。

5. 容错意愿不足

不愿意承担决策失败的后果，或者过度追求完美，容不得自己犯一点点错误。

恰恰因为这样，那些人总是在选择面前思前想后，尤其在紧要事情、重大事件面前，就更加恐惧与纠结，甚至陷入恐慌。但是他们不知道，这样一来浪费了很多时间与精力，还消磨了自己做事的能力以及敢于决断的意志力。更严重的是，一旦让决策恐惧深入骨髓，自己将变得更加不自信、懦弱、没有主见，失去了与生俱来的决策能力和决策权利。

所以，我们必须克服决策恐惧，不管是行为上的还是意愿上的：

（1）不纠结失败，不恐惧失败；

（2）敢于决定，提升决断的意愿；

（3）三思而后行，但不为外界影响；

（4）不满足现状，向自己提出挑战；

（5）拿小事练手，一步步提升难度与积极性。

害怕成功,这很可笑

害怕承担结果,往往导致两种心理,一是害怕失败,一是害怕成功。两种矛盾心理,却导致一种行为——拖延。

很多人讨厌"能力越大,责任越大"这句话,因为他们并不想成为主要责任人。于是他们想拖着拖着,就不用承担更多责任了!

其实，对于害怕成功，心理学上有一个专业术语——约拿情结。这是一种对杰出的自己的敬畏，或者躲开自己的出色的心理。之所以命名为"约拿情结"，是因为《圣经》上的一段记载，说的是先知约拿接受上帝的命令，去尼尼微城传话。可是当他完成使命后，却隐藏了起来，因为他感到恐惧，认为自己名不副实。

后来，马斯洛就用"约拿情结"来形容那种渴望成功，又害怕成功的心理。因为这种心理，很多人不愿意、不敢做自己能做好的事，逃避让自己"出头"。在他们看来，"成功"就意味着三种结果：

"我失去了对时间和生活的掌控力。"——我高效地完成任务，我把工作做得太出色，会拉高别人对我的期待，多分配更多工作与责任，这样一来，我就失去了太多时间，被工作支配了。慢慢地，工作主宰了我的生活，不管我喜欢不喜欢。

这种工作状态，让他们感觉有压力，感觉工作远远超过自己的承受能力，进而产生无力感、焦虑感。与其这样，他们宁愿选择不成功、不出色。

"我可能伤害别人，或者被别人伤害。"——我担心成功会伤害别人，我高效完成任务，受到奖励，其他没能高效完成的人该怎么办？是不是将受到领导批评？我得到了提升，别人会不会受伤？之后，他们会不会产生抱怨心理、嫉妒心理，排挤我、仇视我？

在这些人的潜意识中，低调、不出头是美德，成功会招来嫉妒，于是他们在成功与平庸之间徘徊，最后选择折中——拖延。保护别人，也保护自己。

"我是不是拥有太多了？"——我的成功是不是来得太容易了？之后，别人会不会拿走一些东西？

简单来说，他们的心理活动可能是：我很好，可是我不能表现出来，我得隐藏。他们拖延行为的潜台词是：我不能过早地完成任务，否则就会被安排更多的任务，成为可以承担更多任务的人。于是只能用拖延的方法来逃避掉可能出现的责任与"光环"。

只有拖延,才能让他们找到心理的平衡,不再担心面对以上结果。可是我们知道,这是错误的想法。拖延,不能解决问题,反而把我们拖入深渊。久而久之,我们便失去自信与勇气,无法发挥出正常水平,更无法做得出色了!

我们需要做出改变,需要战胜所谓"约拿情结"。

1. 善用底线思维

就是明确自己要做什么,追求的是什么。明白成功与成长是一个循序渐进的过程,在这个过程中需要付出时间、精力、汗水,同时也需要克服各种恐惧,对失败的恐惧,对承担责任的恐惧。

2. 了解自己的心理状态,承认自己害怕成功

很多人敢于承认自己害怕失败,但是极少数人敢于承认自己害怕成功,有时他们甚至愿意承认自己能力不足,也不愿意承认自己害怕成功。可越是这样,结果越糟糕。

只有冲破这种压力,认识并承认自己有"约拿情结",才能真正摆脱压力和害怕心态,然后以坚定的信心去做所有事,做好所有事。

3. 纠正认知，认识到优秀不是原罪，出色不意味着承担更多

成功与失败，优秀与平庸，是一种选择，也是人们对自我的一种接纳。既然我们可以做得更好，比别人更优秀、更成功，就应该努力去争取、去享受，而不是把它当作一种负担。

纠正自己的错误认知，不断地强化自我，才能让自己更自信与强大，进而实现真正的成功。

想做，什么时候都来得及

很多人的拖延，与害怕"来不及"有关。

害怕"来不及"是一种消极的心态，也是一种拒绝行动、拖延的借口。那些整天喊着"来不及"的人，其实心中非常明白——我拿出这个借口，那么完不成、做不好任务的时候，别人就不会责怪我了。我也有了为自己推脱的理由。

于是，他们总是在接到任务时，能拖就拖，能躲就躲，然后告诉别人、也告诉自己："不是我不行动，而是来不及了！"

是真的害怕来不及吗？不！

事实上，他们心中根本不重视工作，甚至是轻视工作的。从另一方面来说，他们本身可能是能力欠缺的，再加上不会合理安排时间，于是就容易不自信、担心焦虑，从而出现了工作不高效、出错率高的情况。这种结果的产生，让他们更加焦虑，陷入了"害怕来不及—拖延—自我安慰—来不及"的循环之中。

越害怕来不及，或者拿这个当借口，就越来不及，行动也就越失败，这有些墨菲定律的意味。墨菲定律，就是美国人爱德华·墨菲提出的，我们越担心某种情况发生，那么它就越有可能发生。

因此，我们需要克服这种害怕"来不及"的消极心态，要对自己有信心，相信只要去做，那么什么时间都不算晚，什么时间都来得及。就算之前已经耽搁了许多时间，或者任务的确有些棘手，时间比较紧张，但是既然接受了任务就不要后悔，不要拿"来不及"当借口。

除了立即行动之外，我们已经别无选择。其他选择的结果只有一个：失败！

当然，我们需要直面自己，当说出这句"我害怕来不及"的时候，不妨问问自己：是真的来不及吗？还是我害怕、拖延的借口？

如果是前者,就想办法弥补损失和过错,找回失去的时间,或者与领导商议,多给自己一些时间——当然,理由必须充分:"为了避免忙中出错,为了拿出完美的方案。"

如果是后者,那就摆正心态,改变自己,对自己有信心,对工作有责任。

我们需要真正的行动,发现问题的本质并重新审视自己,然后用真正的行动去改变。相反,假装看不见自己的拖延或者用"我想做,但是我怕来不及"来安慰自己,只能让我们的脚步越来越慢。

人生没有太晚的开始

行动都被抱怨消耗光了

我们会因为各种事情抱怨，但是仔细思考、分析就会发现，多数我们所抱怨的琐碎事情远没有那么糟糕。

抱怨任务太多了，加班加点也很难做完，可实际上，只要立即行动、发挥各方面能力，便可以如期完成。抱怨被一些外界因素干扰，只是自己的心不静，夸大了干扰因素而已。

抱怨，本质是无能者的发泄。他们通过抱怨，来寻找心理的平衡。原本情况并没有那么糟糕，只是他们缺乏自信，缺乏责任心，所以才企图逃避。仔细观察一下，抱怨者的行为是消极的，心态是消极的，企图用抱怨当作自己的挡箭牌。

抱怨，是一种致命的消极心态，也是一种害人至深的恶习。在这里，它所导致的一个直接结果，就是拖延。习惯抱怨的人，接到任务之后，先是抱怨，于是越抱怨越不想去做，越不想去做越抱怨。有时，他们会抱怨工作境遇不佳，得不到老板的赏识，于是，失去工作热情，缺乏积极主动性。后果则是做事懒散、拖拉，出现更多的麻烦和问题，业绩也越来越差，越来越没有自信。

关键是，抱怨对身心的伤害远远大于拖延本身。你有了拖延行为，但是思想上想要高效工作，拖延就只是暂时的。可是，一旦形成抱怨的恶习，大脑与心理就会被"我讨厌做这件事""我不想做这件事"占据，于是贪婪和懒惰心理占据了上风，彻底磨灭了行动的那一丝丝意愿与冲动。

抱怨与拖延，是人的两个显著特性。可悲的是，这两个特性非常容易出现在同一个人身上——抱怨者，往往容易拖延；而拖延者，也总是喜欢抱怨。这源于他们无法面对能力不足的不自信与焦虑。

如何做出改变?

1. 不抱怨

怎样做到不抱怨?

开口前,想一想这是不是抱怨,如果是,那就不说话。意识到自己正在抱怨,要提醒自己刻意地控制,告诉自己"请停住",然后深呼吸,或者转移注意力。

刚开始的时候,由于惯性,我们没办法完全控制自己,可能脱口而出抱怨的话,这个时候不要自责、沮丧,慢慢地增强自控力,由抱怨5句到3句,再到1句,最后虽然有这个念头,但是话到嘴边却控制住了,那么你就成功了。

2. 提升自信

抱怨与拖延,都源于不自信,源于内心的恐惧。所以,我们需要努力提升自信,接受自己的缺点,并且想办法改进完善,如此才不会把思想局限于抱怨本身,而是积极主动地想办法、解决问题。

3. 知行合一

行动是战胜抱怨与拖延的"解药"。练习行动，强化行动，让高效行动成为一种习惯，那么便可以远离抱怨与拖延。

第三章
别太焦虑了，完成比完美更重要

完美主义者看似在追求最好的结果，可实际上过分地追求完美，反而容易陷入纠结、焦虑的情绪中无法自拔。毕竟，这个世界上是不存在绝对完美的。

完美主义也分情况

完美主义可以分为适应性完美主义与非适应性完美主义。两者的区别在哪里？

适应性完美主义，就是设置高标准，努力追求成功。人们更倾向于主动追求个人的高标准与成就，不过可以接受、容忍达成标准之后的失败，不会因此而自尊心受损，怀疑自己、否定自己。

非适应性完美主义则恰恰相反，他们也设置了高标准，倾向于追求成功，但是往往为了追求完美而走极端，一旦失败，或者结果不算完美，他们就无法承受。事实上，他们的最终目的不是追求完美，而是追求避免犯错。正如美国休斯敦大学的社会工作学教授布琳·布朗所说："它其实并不是对于完美的合理追求，它更多的像是一种思维方式：如果我有个完美的外表，工作不出任何差池，生活完美无瑕，那么我就能够避免所有的羞愧感、指责和来自他人的指指点点。"

从某种程度上说，适应性完美主义是积极的，可以引导我们寻找、成就更好的自己；非适应性完美主义是消极的，因为过于担心失败，非常容易产生拖延行为。它并不是对完美的合理追求，更像是一种片面、消极的思维方式。

非适应性完美主义者的自尊心是非常强的，特别看重别人的看法。他们可能具有这几个特点：

设定不切实际的高目标；

永远认为自己做得不够好，担心自己被别人看不起；

自卑，因为达不到标准而饱受自卑、痛苦的折磨。

他们的内心活动非常丰富，做事前、做事中、做事后都习惯胡思乱想，诸如此类："如果表现不好，别人会不会不喜欢我？""我做得完美了，会不会得到尊重？""必须避免失败，这样才不至于被质疑。"……

因为活在他人的看法中，他们内心是非常纠结的，备受焦虑与恐惧折磨。可以说，他们不是被动地拖延，而是主动地拖延。拖延是为了安慰自己，拖延是为了化解不必要的焦虑和自卑。

18世纪法国文学家伏尔泰就说过："完美是优秀的敌人。追求卓越没有错，但是苛求完美就会带来麻烦，消耗精力，浪费时间。关键是找到平衡点。"那么如何找到平衡点，化解这种完美主义引起的拖延呢？

1. 把注意力放在事件本身

因为无法摆脱他人的期待和看法,所以这种完美主义者是痛苦的,无暇顾及他人的感受,把注意力全然放在他人以及他人的看法上。

所以,关键就是把注意力放在事件本身,思考自己为什么做、如何去做、怎样实现标准。专注地做事,专注地把事件做完、做好,便不再受拖延与完美主义的困扰。

关注做事的过程,关注当下、现阶段的小任务,而不是过度关注结果,同时也要尽量减少对结果的恐慌。

2. 提高自我效能

自我效能提升了,不再在意自我缺点,便可以减少做事之前的思虑过度、自卑与恐惧,进而有效地行动。

3. 允许自己做得不那么完美

试着让自己放弃凡事必须完美的想法。可以提高标准,但是允许在一些事情上降低标准,久而久之,便不再被所谓"完美"控制。

我们下文中提到的完美主义都特指非适应性完美主义。

追求完美必然会削弱动机并导致拖延

追求完美有问题吗?

从某种程度上来说,没问题。追求完美,让我们提升对自我的要求,精益求精,高水准地完成每一项任务。这是正面的影响。然而,有时候追求完美往往是给自己造了一个牢笼。

为什么追求完美让很多人在行动面前望而却步呢?这是因为:

1. 有条件地自我肯定

追求完美的人能自我肯定,但这是有条件的,他们通常会通过最近的成就来衡量自己,寻求价值观。一旦没成就,或者遇到难题便会自我怀疑、自我逃避。在成就与失败之间,他们选择前者,然后拖延,或者直接聚焦可能让自己有成就感的下一个目标,自然导致上一个目标的放弃。

2. 把失败个人化

追求完美的人看事物采用非此即彼的模式。一件事,不能尽善尽美,那就是一无是处;我做不好这样的事,我就是失败者。所以,他们恐惧失败。

对失败的恐惧,是他们前进的阻力。这种恐惧不仅会降低承担风险的可能性,也降低了其从失败中学习的能力,以至于让他们选择逃避与拖延。

3. 追求完美主义，带来重重压力

追求完美，可能会给人们带来重重压力，包括：心理压力，对压力敏感，容易焦虑以及沮丧；身体压力，削弱免疫功能，行为极端；人际关系压力，对自己高标准，对别人也吹毛求疵，导致与他人关系紧张；工作压力，用额外加班来确保工作完成得"完美无瑕"，达不到自己太高的期望，为准备"不充分"而忙碌、焦虑……

因为以上种种，追求完美的行为大大地削弱了这些人的行动动机。

其实，成就动机在心理上有两个方向：一个是希望成功，一个是害怕失败。前者让人在行动上越来越趋近目标，而后者让人越来越回避目标。当这两者一起发挥作用时，很可能产生三种结果：

两者力量旗鼓相当——心理冲突加剧，人们越来越焦虑、压抑、痛苦；

前者的力量比较大——追求目标，实现目标；

后者的力量比较大——退缩、拖延，趋于失败。

就是说：成就的动机＝追求成功的趋向－避免失败的趋向。

然而，追求完美的行为，以及其带来的负面作用，却让这些人追求成功的趋向降低，同时回避失败的趋向增强，导致成

就的动机大大削弱——行动意图不强,倾向于拖延甚至放弃。

在工作学习以及生活中,我们要避免过度追求完美,也没必要事事要求完美。当期待着一切都做得完美时,势必导致希望的落空,从而导致没信心、没意愿去行动。

那么,该如何避免追求完美,缓解完美主义者的压力呢?

1. 适当地把握"完美"的度

简单来说,就一句话:降低标准,允许有缺陷。

2. 给所有事情一个期限

不必把所有事情都考虑周全,行动起来,且给事情一个期限,按照期限去完成。

3. 允许自己犯错

对自己说,完成比完美更重要。去完成,可以犯错,一边行动一边完善,才能丢掉完美主义,成为高效行动者。

克服完美主义，找回不拖延的动力

"我要完美！""多给我一点儿时间，我能做得完美！""别人可以平庸，我不行！别人可以不完美，我不行！"这些是完美主义者的宣言！

有的人拖延，是因为过于追求完美。完美主义，有积极分子，也有消极分子。积极分子追求完美，可以提高效率，保证

工作质量。消极分子就惨了，立一个很高的目标，总想着一定要做好，但总觉得还不够，不是在准备的路上，就是在纠结小事的路上。

别人的工作都进行了一半，他还没有开始呢！

在工作学习中追求完美，用严格的标准要求自己，这是对的。可是，过度了，不完美的事不做，不准备齐全就不行动，就向着强迫症发展了，慢慢地，就等于拖延。你已经做得很好了，却极力将98%、99%推向理想的100%，认为没有这1%、2%是万万不行的。于是，为了这1%，你花了不少时间和精力，到了最后，却始终无法跨越这1%。

还有更让你伤心的是，一出错、一有挫折，心里的完美感就破碎了，于是就有了无助感、焦虑感，于是想拖延，甚至毁掉重来。

拖延是折中的方法，也是为了保护自己，不至于过于焦虑。很多有拖延行为的人，都有完美主义情结。他们对自己要求高，一旦没达到自己设定的要求与目标，就开始在心中谴责自己："我太差劲了！"因为常常自责，遇到有挑战性的工作，就不由自主地拖延，害怕尝试，害怕做不好。

完美主义，成了拖延的动因。而完美主义者又能意识到自己的拖延，于是更加自责，变成纠结与矛盾结合体。

完美主义者如何自救？简单。画不出完美的草图？那就想画完十个草图，不要管完美不完美，然后挑出最满意的一个。准备得不完美？不要紧！先行动起来，迈出第一步。

最关键的一点是接受不完美的自己，大声对自己说："没什么是完美的！我可以不完美！"

因为追求完美而拖延的人，大多具有非理性的思维与信念。

完美主义是一个漂亮的陷阱，想要高标准要求自己，最后拖着拖着，只拿出糟糕的作品。想要追求成功，却成了害怕失败的那一个。

为什么不放自己一马？不完美又怎样，只要努力去做，尽力接近你心中完美的水平就可以了。

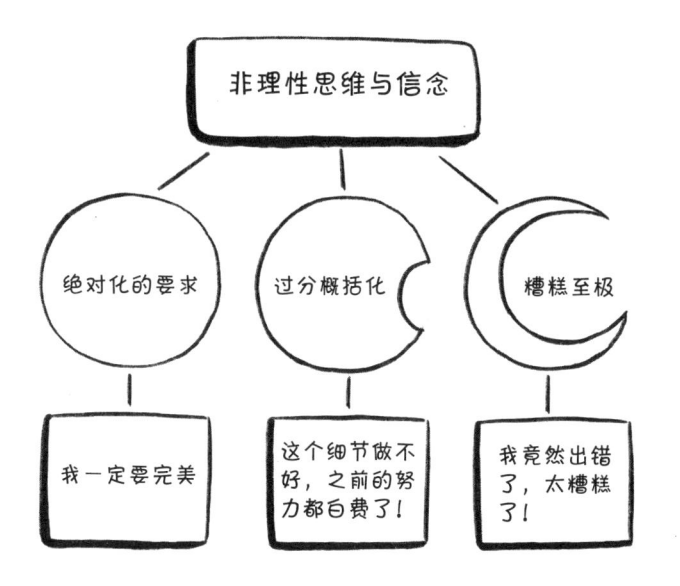

```
                非理性思维与信念
               /      |       \
         绝对化的要求  过分概括化   糟糕至极

        我一定要完美  这个细节做不   我竟然出错
                   好,之前的努   了,太糟糕
                   力都白费了!   了!
```

强迫拖延——我无法控制自己

回忆一下，你是否时常这样：

已经出门了，却无法确定煤气是否关闭、门窗是否锁好，于是内心焦躁不已，只有赶回家确认无误才能安心。

做事按部就班，非得按照自己事先安排的来进行，一旦有突发事件闯入，便手足无措，无法进行下去。

死抠细节，让工作定格在某一点。实际上，这一点并没有那么重要。

……

这是典型的强迫症。那么，是什么原因导致了强迫症？它又有什么样的症状呢？

强迫症的表现实在太多，但绝大部分都有反复、无法控制等特点。因为这样，才导致了拖延、犹豫、低效。不妨仔细审视一下自己，若是你有三个以上行为，那么就说明你有强迫症，至少有强迫行为。

强迫症的原因：

遗传、神经质、分泌异常等生理原因

自控力差、完美主义、固执、恐惧等心理原因

压力大、工作过度竞争、人际关系长期紧张等社会原因

强迫症的症状：

做事情按部就班，"一致性"不可打破

缺乏安全感，反复考虑计划是否合理、完美，反复纠结某事是否出了差错

坚持自己的做事方式，即使不合理，也坚持到底

犹豫不决，常常推迟或是避免做出决定

死抠细节，时常为了一些微不足道的细节反复重做

看到尖锐的东西，看到不完美的东西，会忍不住想入非非

完成任务，不仅没有成就感，反而纠结自己是否做得足够好

其实，随着社会压力越来越大，不少白领尤其是管理层的白领，都或多或少有一些强迫症。他们做事习惯做好完美计划，然后力求完善，便无意识地反复无意义的行为，自然导致了工作的拖延。

那么强迫症不可克服吗？

当然不是！

对于轻微的强迫症以及有强迫行为的人，以下几种方法可以减轻强迫的症状：

1. 心理暗示

纠结计划不完美，担心某件事出错时，可以给自己正面的心理暗示：这个计划，我已经做得很完美，只要立即行动就可以了！我认真专注地做这件事，按照我的能力，能出色地完成它，不会出现任何差错。

还可以在醒目的地方贴字条、便利签，上面写一些肯定自己的话：我已经做得非常棒了！工作可以按计划、分阶段完成！

这样暗示自己并且保持下去，情况会好很多。

2. 做好统计，逐次减少强迫行为的次数

可以做表格进行记录，也可以在备忘录上记录，看看自己有哪些方面有反复强迫性行为，看看反复的次数是多少。然后给自己设定目标，每天减少几次，逐步地改变。一段时间下来，效果就出来了。

3. 真正认识强迫症的想法和行为，学会控制自己

想要克服强迫症，就必须控制自己不对强迫性行为做出反应。有效的方法是转移注意力，比如从自己感兴趣的事开始，散步、运动、听音乐等，这样才能够改变脑海中的本性反应。

4. 不要陷入习惯性思考

不要总是提醒自己：我的强迫症又犯了！这样容易陷入习惯性思考，被强迫症控制。我们要做自己的主人，努力控制、战胜强迫症，这样才能轻松打败拖延症。

"快"是核心思想

大多数时候,我们容易行动,但是做到立即行动,可能没那么容易。行动,核心是快,当我们不能立即行动,错过了某个时间,很多机会就失去了。

高效者必须是立即行动者。因为他们速度快、力度强,且做到了干练又负责,所以完成的事情比别人多,比别人质量高。相反,一些人始终是"慢三拍",接到任务,先拖一拖,不着急行动,做一些其他事情,或者"休息一下",那就势必浪费时间,拖延进度。

立即行动是人与人拉开距离的关键之一。"立即行动"的价值观在我们的工作中发挥着作用,可以帮助我们把那些应该做却不想做的事情尽快完成;对自己不感兴趣或者让自己为难的工作不再恐惧,不再拖延;抓住稍纵即逝的机会、好想法,实现突破;当天的事情必须当天做完,并且以最好的结果呈现;为自己赢得了时间,也为自己赢得了休息、娱乐的机会。

而拖延发挥的作用恰好是相反的。只是一点点差别,工作与生活便是极大的不同。

立即行动者与拖延症患者，差的不只是行为，更是心态、思维模式以及认知。拖延者总是后悔自己没有立即行动，灵感来了，没及时行动，结果灵感稍纵即逝，过后就想不起是什么了；接到与客户谈判的任务，考虑一些无关紧要的事情，最后让竞争对手抢了先机。

悔过之后呢？依旧是推迟自己的行为，因为种种，不快速行动。

立即行动，是一种优秀的能力。我们如何具备这样的能力？

1. 明确动机

激发我们行动的动机包括以下几种，每一种都需要自我激励与自我控制，找到这些动机，才能有无穷的动力，立即行动。

即：

自我保护的愿望；

爱的情绪；

恐惧的情绪；

性的情感；

今后生活的愿望；

谋求身心自由的愿望；

愤怒的情绪；

憎恨的情绪；

谋求认识与自我表现的愿望；

获得物质财富的愿望。

2. 不空想，坚决杜绝空想

必须记住一点：想法带不来任何东西。虽然它很重要，但是只有被执行后才有价值。有了想法，立即行动，不要说"改天再说"或"等待好时机"，否则再好的想法都将成为空想。

3. 用行动克服恐惧

想得越多，恐惧感越加重。一旦开始行动了，恐惧也就莫名消失了。所以，行动是治疗恐惧的最佳方法，不管你因为什么理由恐惧，都不要去想了。立即行动，事情也会变得简单。

4. 机械地开启创造力

写文案、报告等创造性工作时，不要等灵感来敲门，因为等待就意味着浪费时间。难道一直没灵感，你就一直不工

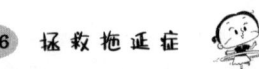

作吗?

与其等待,不如机械地开启创造力,让笔尖在纸上滑动起来。一旦行动了,思绪也就展开了,灵感就来了。

5. 聚焦当下可以做的事

不要烦恼昨天该完成的事,也不要担心明天可能要完成的事,我们能左右的时间就是当下。

6. 立即切入正题

不管做什么,立即进入正题,而不是东拉西扯,做一些闲事、杂事,这些只会让你分心,不能立即行动。

一句话:高效,行动是关键,快是核心!坚持立即行动,成为行动力坚决的人,我们便可实现成功!

优先处理讨厌的工作

上午：
这个比较麻烦，
先放一会儿吧！

下午：
嗯，我先处理其他的，稍晚再处理它！

快下班：
啊！还要处理那个事……真麻烦！

我讨厌它！呀！我不要做它！

我们都有一个心理倾向，喜欢做自己想做的事，而不是自己应该去做的事。于是，我们通常会花时间做自己喜欢、想做的事情，却拖着不做不喜欢的、应该去做的事。表面上，我们尽力去做事了，但其实我们心里明白，对待后者的态度是应付的、敷衍的。

因为对这些事不感兴趣，甚至说讨厌，便总是把它往后排，找各种理由拒绝做它，结果越拖就越讨厌，越讨厌就越不愿意做，心情也越来越烦躁。工作进度被拖慢了，同时，压力也让我们难以完成接下来的任务。

既然如此，为什么不优先处理令自己讨厌，或者让自己不感兴趣的工作？

这样做了，结果或许有很大改变。

先做喜欢的事情，一开始很开心，很轻松，可是，心中总有一个声音在提醒你：还有一个讨厌的工作没有做。接下来，你的心情越来越糟糕，压力越来越大，而且越接近做那个事，越是如此。自然，拖累了工作进度、工作质量。

先做讨厌的事情，一开始不轻松，但是说服自己直接面对，一鼓作气搞定它，就会发现：原来这并不难！而且，最难的事情都做完了，我们的心情自然舒畅了，做喜欢的工作，就更得心应手了。高效，又轻松！

当我们手中有好几个工作时，要做好计划，改变之前的思维习惯。其实，很早之前，心理学家就提出"普瑞马法则"，直接给出我们正确答案——先难后易。

"普瑞马法则"一共有三个重点：

（1）按照喜好来安排工作，对工作进行计划。把自己一天中必须要完成的工作按讨厌的、困难的、喜欢的、简单的……来排列，然后按照顺序一个一个解决。

（2）坚持，不打破规则，就算你真的非常讨厌某个工作，就算它真的很难。坚持，想办法解决，不抱怨、不放弃。

（3）强化成就感。那些讨厌的事情已经解决了，成就感自然就爆棚了。告诉自己："我很厉害，我无所不能。"接下来，再遇到类似情况，便更有信心。

当然，我们总是喜欢一些事、讨厌一些事，这本是人之常情。但是，并不是我们不喜欢就可以不做的，不喜欢就可以选择敷衍了事。我们可以改变自己的工作心态，试着喜欢上它，即便无法喜欢上它也没有关系，努力用平常心对待就可以了。

克服了心理上的障碍，那么就摆脱了拖延，也就成了职场上的强者。

万事俱备，东风早就吹过了

"我还没有准备好。""这个太难了，我得再准备准备，以防万一。"

这是很多人喜欢说的话。面对一个有难度的新任务，或者超出预料的情况，我们很容易退一步，仔细审视一下，并试图避免让自己处于"危险"之中。于是，"没准备好"成为我们的救命稻草，并且试图说服自己——我不是不行动，只是条件不允许；只要万事俱备，我就立即行动。

但是，什么是"准备好"？必须一切都准备好，才能行动吗？

其实，行动与充分的准备可以被视为事物的两个方面，有准备，再行动，确实可以更高效，轻松成功。但是，非要"万事俱备"再行动，无法确定什么时间开始，只会让时间一分一秒地浪费掉。

事实上，很多事都是来不及准备的，不立即行动，就失去了机会。

而且，一些人并不是真的做有效的准备。他们或者做无所谓的准备，或者只是拿这个理由当借口。

比如，老板让他们一个星期完成一篇文案，他们先开始查各种资料，搜罗各种或许有用的东西，第一天是这样，第二天也是这样，因为不愿意行动，所以做这种所谓的"准备"。其实，这些准备都是无效的，一部分资料或许有价值，但大多都没有价值。

当老板问他们为什么还没行动时，他们便用"我正在收集资料""资料还没有准备齐全"作为借口……

那么，怎样破解这个拖延症？

1. 具备一定条件就开始行动

我们要有摸着石头过河的勇气，不必等所有准备都做好了、所有条件都具备了才行动，而是具备了一定的条件就可以开始行动，然后在行动中再继续准备，完善条件、调整机会。

行动了，压力也得到了缓解，即使慢也不要紧，只要能前进就好，再大的事情也会水到渠成。

2. 做一个短期规划

在项目管理里面，有一个术语，叫作"哈德逊湾式启动"。这个术语源自17世纪的哈德逊湾公司，就是他们经常会在冬季运送皮毛，为了确保商船不会忘记东西，总是先行动，在距离港口几英里的地方停留一段时间，检查是否准确齐全。忘了什么东西，就返回港口，进行装备，然后再出海；没有忘，就直接出海。

在工作中，很多人也运用这个方法：面对一项难度大的任务，不是等准备齐全再行动，而是先做出一个短期的规划——三天的、一周的计划，检验规划是否合理。

即，短期规划—准备—行动—检验—修正—扩大范围—后续准备—行动。依次类推，直到所有计划都做好，所有准备都做好。

这就解决了无限准备、无尽拖延的问题,避免沉溺于想象、思考以及等待。

一次就OK！不在返工里迷失

的确，工作没做好，返返工，接着做，无可厚非。但是，明明可以一次就做好，为什么要寄托于返工呢？

返工，就是把希望寄托于下一次。这一次没做好，或许下一次依旧做不好。这样一来，时间与精力就浪费掉了。一旦没发现错误，就可能闯下祸端，给自己的工作带来损失。

这应该被禁止。因为如果不能一次就做好，我们就可能陷入无数个"返工"的陷阱中。试想，第一次你做了充分的心理准备、客观条件准备，都没能做好，又怎么奢望下一次就做好了呢？下一次再出错，是不是还要返工？

这个时候，有人不服气了，提出质疑："人又不是神仙，怎么可能不犯错？！""工作中为什么不允许有合理的误差？！"这是典型的"多言乱听"。什么意思？即信从许多人的议论，导致自己的听觉混乱。

一次性把事情做好，不仅仅是一个简单量化的工作标准，而是做事人的一种积极心态，力求个人工作状态达到最佳，而不是求快，却忽视水准，忽视把事情做到位。

一次性把事情做好，其实表现的是完成任务的决心，100%执行的态度。它要求我们做到三件事：

第一件事：做正确的事情。强调目标的正确性，事情不正确，那么一切都是徒劳。

第二件事：正确地做事。强调过程与方法，做好计划，不追求完美，高效管理时间，做好防范与监督，避免出现差错。

第三件事：把事情做正确。强调结果，要完成，也要漂亮地完成，与目标保持一致性，而不是差不多就好，或者错了，再返工。

具体来说，如何才能做到一次就OK呢？技巧不可少。

1. 树立把事情做漂亮的心态

做任何事之前，首先我们头脑里要有这样的观念：我要做得漂亮！有了这样的心态，思想上重视了，才能一步步地把事情做对，然后第一次就把事情做完、做好。

可是，要是时常告诉自己：先做了，做不好也没关系，我还可以返工，还可以再做一次！降低了对自己的要求，给自己负面的暗示，那么我们就不会执行到底，也不会尽最大的努力，结果就是在"犯错—返工—犯错—返工"中迷失了。

2. 不三心二意

分心。一件事没做好就去做另一件事，或者同时做几件事，这样看起来效率高，实际上是不能把事情一次性做好的障碍，也是不能高效的关键。

3. 大事要清醒，小事不马虎

做事的时候，一定要保持头脑清醒。在大事上保持清醒，准备工作到位、执行过程到位、工作方法科学，把事情做得彻底、精确。同时，在一些小事上也不马马虎虎、敷衍了事。

第四章

时间管理，帮你摆脱瞎忙模式

管理不好时间，就会被工作折磨得焦头烂额。唯有学会时间管理，做好时间规划，且让时间发挥最大效用，我们才有可能远离拖延。

把时间量化，做好时间规划

每个人每天都有 24 小时，1440 分钟，86400 秒。不管你是谁，不管你什么职位，都是平等的。

可是，有些人可以高效地工作，完成诸多有价值的任务；有些人却只知道瞎忙，劳累了，却没什么成效。可以说，瞎忙是低效与拖延的一个关键因素。

而摆脱瞎忙的第一步，是时间管理。时间管理的第一步，是把时间进行量化管理。

时间量化管理的工具，包括：

日志；

备忘录；

日程表软件；

清单软件。

如何去量化？

1. 列出时间计划表

第一步就是把一天要做的事情列出来,计划用多少时间。可以把一天时间分出不同的阶段,然后对时间段进行分区、命名、备注……这样一来,我们的时间就一目了然了,如哪段时间需要做什么,哪件事需要花费多少时间。

2. 按照计划去执行

接下来,我们需要按照计划去执行,当然,执行的时候,需要高效地利用时间,调整自己的工作方法,尽可能让每一分钟都发挥出最大价值。

注意,每完成一件事,也需要进行记录,以便让我们发现工作效率是高还是低了。高了,就可以坚持下去;低了,就需要反思与检查,看看是浪费时间了,还是任务本身存在难度。

将计划与实际花费的时间进行对比,根据时间利用情况,调整自己的工作方式,或是改善时间的管理方式。这样一来,才能更好地利用时间,提升工作效率。

事件	计划花费时间	实际花费时间	时间差	反思
整理文件（查阅回复信息）				
写文案				
汇报				
开会				
做PPT				
与客户沟通				
吃饭（午休）				
……				

同时，我们可以结合时间轴来量化时间，即按照时间的先后顺序来进行计划与安排，以便让时间安排更直观。

时间量化，也有一些注意事项：

1. 规范地进行时间记录

每天、每周对于时间的记录，需要规范、合理，可以选择一个模板，也可以做成漂亮的图表。

安排时间时，需要明确当天需要做的事情有哪些，哪些是必须要完成的，然后合理地规划各项时间占比。对于事情安排可以采用六点优先工作制，就是按照事情的重要顺序，分别从"1"到"6"标出六件最重要的事情，先从标号为"1"的事情做起，全力以赴、高效执行，然后再去做标号为"2"的事，依次类推……

2. 合理安排固定事项

每天，都必须拿出一定时间来完成固定事项，比如吃饭、开会、向领导汇报、回复信息，等等。这些时间是不可省的，所以需要把时间安排好，不占用处理重要事务的时间以及高效工作的黄金时间。

3. 充分利用零碎时间

将时间计划中的整块时间去除，就是可以利用的零碎时间。零碎时间看似少，但是充分利用起来，效用并不小。可以做一些琐碎的事，也可以把不愿意做的事分成几小段，然后利用这些零散时间一点点完成。

4. 设定事情的起止时间

一定要设定好做事的起止时间，比如10：00开始写文案，11：10完成，这样可以有效地防止拖延。

但是，我们需要注意，时间设定必须是合理的，不能压缩得太厉害。否则，会加重我们的心理负担，不利于工作的完成，还可能因为压力大而产生退却心理，最终走向拖延。

5. 一定要总结与反思

计划不一定完美，时间规划不一定科学、严谨。我们需要进行一个星期的实验，记录时间、整理时间，然后进行总结与反思，找出合理的地方，及时调整与完善时间规划。

6. 珍惜有限的时间

时间量化之后，我们才知道时间是宝贵的，所以，我们要与时间做朋友，有意识地珍惜有限的时间。

四象限法则与二八法则

大部分人的时间分配，就是采取扑火模式，哪里有事就往哪里跑，顾得了这头，顾不了那头。在这种模式下，往往是工作牵着我们走，并不能真正高效地、有计划地工作。

其实，事情有大小之分，有轻重缓急之别，并不是每件事都值得我们付出大把时间。扑火式地去做事，容易把忙碌

变成瞎忙——让一些看似紧急的事情，占据了大把时间，却没时间处理最重要的事情。

瞎忙，让我们陷入低效率勤奋，让我们抓不到重点，然后走向失败。

每个人的时间和精力都是有限的，我们想要在最短时间达到最高效率，就必须拒绝像没头的苍蝇一样瞎忙，而应善于利用四象限法则与二八法则。

什么是四象限法则？就是对生活与工作中遇到的事情进行等级划分，可以分为重要且紧迫的事情、重要但不紧迫的事情、不重要但是紧迫的事情、不重要且不紧迫的事情。

做好了分类，接下来就是分配时间与精力了。二八法则，就该上场了。二八法则，就是用80%的时间去做重要的、可以带来最高回报的事情，用20%的时间去做其他事情。

针对四个象限，时间分配大致可以按照以下原则：

重要且紧迫的事情——20%~25%；

重要但不紧迫的事情——75%~80%；

不重要但是紧迫的事情——1%~5%；

不重要且不紧迫的事情——小于1%。

分配的时间多少不同，处理方法不同，自然结果也大不同。

时间管理——四象限法则

```
                    重要
                     ↑
    ┌─────────────┐  │  ┌─────────────┐
    │  第二象限    │  │  │  第一象限    │
    │ 重要但不紧迫 │  │  │ 重要且紧迫的 │
    │  的事情      │  │  │  事情        │
    │ 75% ~ 80%   │  │  │ 20% ~ 25%   │
    └─────────────┘  │  └─────────────┘
不紧急 ←─────────────┼─────────────→ 紧急
    ┌─────────────┐  │  ┌─────────────┐
    │  第四象限    │  │  │  第三象限    │
    │ 不重要且不紧 │  │  │ 不重要但是紧 │
    │ 迫的事情     │  │  │ 迫的事情     │
    │  小于 1%    │  │  │  1% ~ 5%    │
    └─────────────┘  │  └─────────────┘
                     ↓
                   不重要
```

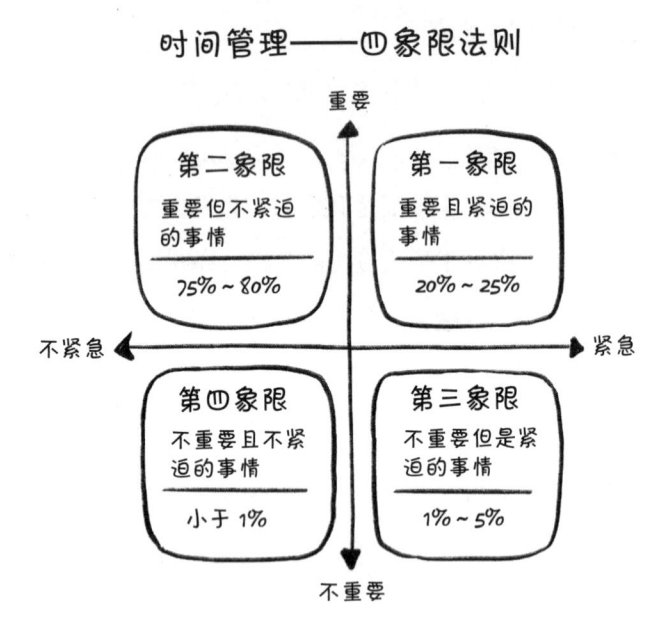

永远都立即做重要且紧迫的事情，永远用大把时间做最有价值的事情，才是最高执行力的精髓。但是，这往往被我们忽略，当一大堆事情摆在我们面前时，就碰到一件做一件，没有了计划，也没有挑选，结果行动开始变得杂乱无章。

虽然重要且紧迫的事情可能只占我们一天工作的 20%，但是往往能带来超过 80% 的效果。

那么，利用四象限法则与二八法则来管理时间和工作，我们需要做哪些呢？

1. 明确分类标准，精确分类

我们有决定事情重要、不重要，紧迫、不紧迫的权利，但是，如果没有掌握好分类标准，那就失去了意义，反而让自己陷入混乱。

所以，我们必须有严格、合理的标准，来明确哪些是重要且紧迫的事情。

2. 做好取舍

当我们明确标准，对面前的工作进行分类后，就需要紧紧把握自己的选择权利，不因其他原因而打乱自己的计划。重要的是，有毅力舍掉哪些事，或者直接拒绝，或者交给别人去做。

3. 高效执行

既然把时间和精力都分配给重要、能带来大价值的工作，就必须高效执行，善思考、够专注、瞄准目标以及立即行动。

养成了好习惯，扫除了一些障碍，执行起来就毫不费力了，且为其他工作节省了时间。

别小看零碎时间

回顾一下某个周末：

周六，十一点醒来，在床上玩会儿手机，点个外卖，刷个短视频就到了晚饭时间，洗个澡就该睡觉了。

周日呢，洗洗衣服，吃个饭，看个综艺放松一下，一天又要结束了。

这样的生活让人害怕吗？轻轻松松又浑浑噩噩，时间悄无声息地溜走了。

很多年后，美国近代钢琴家爱尔斯金依然记得年少时的钢琴老师爱德华的一句话：练钢琴不要总是利用大段时间，而是一有空闲，哪怕几分钟也可以练习。

这个建议让爱尔斯金受益匪浅。后来爱尔斯金在哥伦比亚大学教学，不论他的工作有多么忙碌，他都可以利用零碎的时间进行创作或者练习钢琴。

利用零碎时间是很多成功人士管理时间的法宝之一。在这里，化零为整可以最大限度地提高我们的执行效率，从而减少拖延症。

为了让时间变得更有效,可以把各种零碎时间都利用起来,这需要遵循四个大原则:

1. 早起

尝试早起,慢慢适应,早起让白天的时间变多了,能做的事情也就变多了。不想早起可以不断地给自己默念早起的好处,给自己注入早起的强心剂。

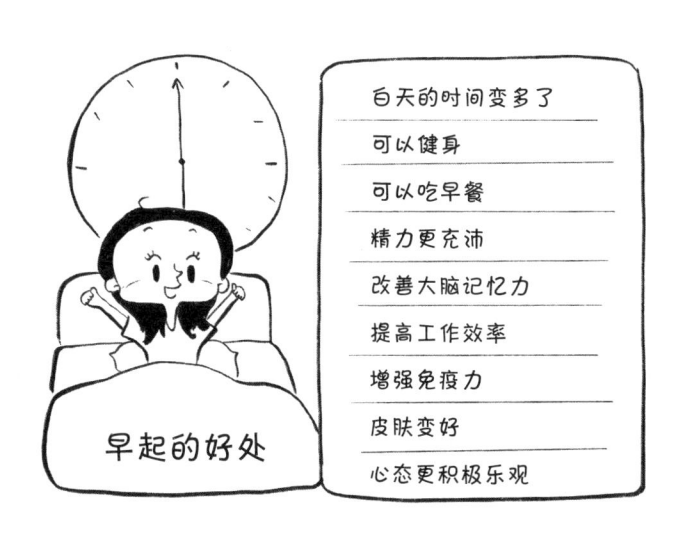

早起的好处
- 白天的时间变多了
- 可以健身
- 可以吃早餐
- 精力更充沛
- 改善大脑记忆力
- 提高工作效率
- 增强免疫力
- 皮肤变好
- 心态更积极乐观

持续早起是一个循序渐进的过程，任何习惯的开始都会有懈怠的情绪，因此我们需要不断地提醒自己，给自己一个愿景：

记录早起天数，就像游戏升级，勾起内心驱动力，促成早起习惯；权威认证自己的习惯，比如床头放一本《4点起床》或者《掌控清晨》，让自己在潜意识中加深早起的好处。

2. 用分计时，懂得利用短时间段

比如在等待地铁或公交时，这个时间就可以简短地计划一下自己的下阶段行动等。如果只有3分钟的思考时间，就千万别把2分钟都消磨在转笔上。

当你习惯用每一分钟来计时的时候，你就会发现，比起之前用小时计算，甚至是对时间没有概念，你的时间会多出很多。

3. 戒掉网瘾

或许你会说，我并没有网瘾啊。实际上呢？问问自己，你能离开你的手机吗？有多少人有不断看手机的习惯？在这个短视频不断刺激人的新鲜感的时代，网络更像是一只猫爪子一样

让人心痒难耐。不断地看手机就是在收割你的时间碎片。这个时候你就需要告诉自己：虚幻的世界如同镜花水月，这是一种诱惑。抵御住这种诱惑，我们才能成为一个有自控力的人，成为一个高效能的人。

4. 以结果为重点

碎片时间管理的关键不在于做了多久，而是做了什么，出了什么效果。如果常常在不重要的事情上纠缠不休，就很难实现管理时间，打败拖延症的目的。

除了遵循上述四大原则，我们还可以在小细节上珍惜自己的零碎时间：

吃饭要适量，吃得太多容易打瞌睡，学习或者工作效率就会降低；

小心"踢猫效应",不要让坏情绪影响自己,事情发生既已成定局,解决问题要比懊恼后悔更重要;

要学会浏览信息,网络时代信息无处不在,与其事无巨细地看完,不如快速浏览,精取自己需要的内容;

尽量减少通勤时间;

给自己制定一个节省时间表,提醒自己珍惜时间的"盛举"有多少。

每日节省时间概览

时间		时间	
00:00		12:00	
01:00		13:00	
02:00		14:00	
03:00		15:00	
04:00		16:00	
05:00		17:00	
06:00		18:00	
07:00		19:00	
08:00		20:00	
09:00		21:00	
10:00		22:00	
11:00		23:00	

远离意外的干扰／
专注眼前，做好每个步骤

"两耳不闻窗外事，一心只读圣贤书"是一种高境界，专注自己的事，不容易被外界打扰。

这样的境界，用在学习上，能让我们成为学霸；用在工作上，也能让我们成为高效人士。

可惜，工作中我们很容易被干扰，无法专心、高效地做事。干扰源有很多，大致可以分为三类：

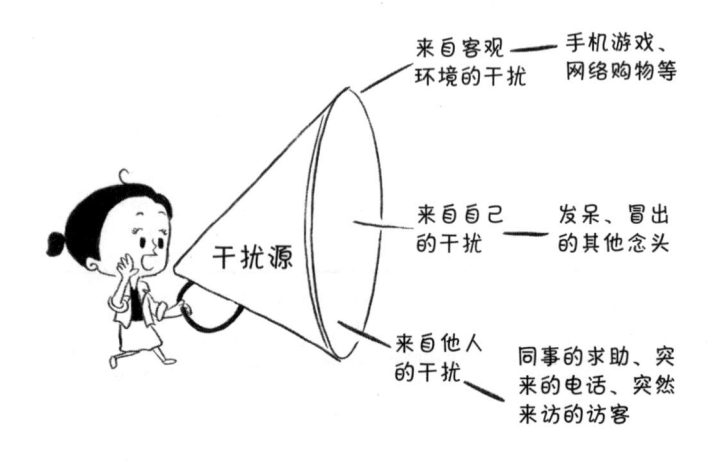

干扰源
- 来自客观环境的干扰 —— 手机游戏、网络购物等
- 来自自己的干扰 —— 发呆、冒出的其他念头
- 来自他人的干扰 —— 同事的求助、突来的电话、突然来访的访客

自制力差、不懂拒绝的人，就无法摆脱这些干扰，以至于无法专注，导致要做的事情一拖再拖。

排除这些干扰源难吗？

说难也难，说不难也不难。首先，我们得提升自控力，做到以下几点：

选择安静的环境；

把桌上和附近收拾干净；

手机调到无声；

断掉网络（除非你的工作必须需要）；

专注眼前行动，不要想其他事情；

停止多任务操作；

预先定好工作期限；

……

这是针对我们自己的，同时我们还需要避免别人的干扰，事实上，这些干扰可能是比较多，也是最浪费时间的。

比如，你正在专注地做文案，突然有同事来求助，说打印机坏掉了，有一份加急文件要打印，求你帮忙修理；有客户来拜访，咨询一些不太重要的事……

此时，你是崩溃的、焦急的，但是不好说"不"！

其实，拒绝是可以的。提醒打扰自己的人，"我现在有重要事情必须处理""我正处于'免打扰'状态"，一般会被对方理解。

当然，除了远离干扰，我们还需要专注，最好是深度工作。深度工作，就是在无干扰的状态下专注地、全身心地工作。

我们需要关注这四个方面，做好每一个步骤：

1. 停止多任务操作

多任务操作，最容易破坏我们的专注，当我们不停地变换工作时，容易让思想涣散，难以重新专注起来。而且，你暂停了一个工作，就会不自觉地处理手边的杂事、回应别人的请求。

2. 拼命保护自己的注意力

进行深度工作的时候，我们一定要拼命保护自己的注意力。比如，在安静的场所完成任务，在黄金时间进行深度工作，同时不在深度工作前过度娱乐，包括玩游戏、看视频等。

在工作前，做一些准备与努力，我们就容易进入深度工作状态，保持高度专注且自控。

3. 不让大脑随时"分心"

科学研究发现，人的大脑一旦习惯了随时"分心"，就算我们想要专注，也很难做到。所以，我们需要拒绝在无聊时刷手机、玩游戏，否则就会迷恋于此。

4. 抛弃浮浅工作

浮浅工作，与深度工作相对，就是浮在表面上的工作，比如打电话、回邮件、群聊沟通、整理文件等。这些工作烦琐、小且杂，浪费时间，无法让人专注、长效地去进行。

但是，抛弃它，并不是彻底不做，而是把它们集中起来，在某一时间段去做。集中处理完它们，也就换来了我们的高效。

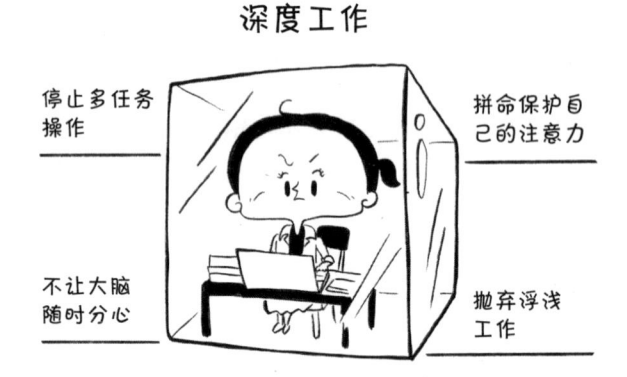

深度工作

- 停止多任务操作
- 不让大脑随时分心
- 拼命保护自己的注意力
- 抛弃浮浅工作

番茄工作法

工作中，打断你的事情是不是变多了？被领导拉去开会，被同事请求帮个小忙，突然手机响了，朋友问晚上要不要一起聚聚……

于是，打算完成的工作只做了不到1/3，质量也下降了，连自己看着都皱眉头。

你打算2个小时写好给领导的报告，一开始就奋笔疾书，埋头苦干，做一个高效的小能手。可是，1个小时后，你就觉得大脑好像死机了，思绪一缕烟地飘走了。

因为长时间高强度工作，我们的大脑过度运转，思考跟不上了，注意力也支离破碎。最后伤心地发现，完成任务的时间少花了吗？不！时间多花了。

高效，也就维持了30分钟，接下来的时间，节奏慢了，也力不从心了。

所以，长时间工作，不可取。

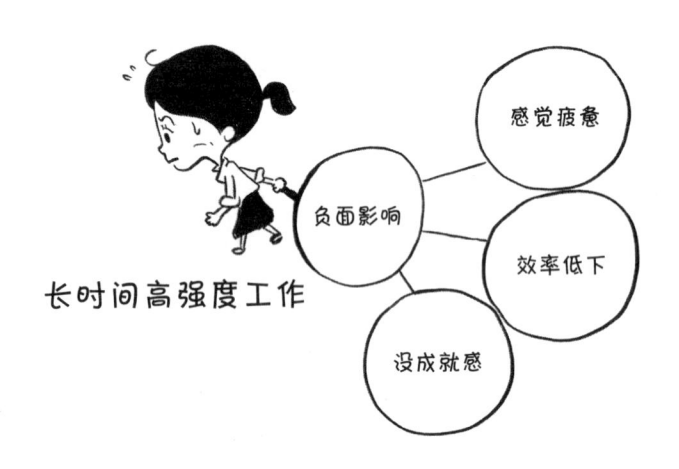

这个时候，我们该拿出番茄闹钟了。这个小闹钟是弗朗西斯科·西里洛发明的，一开始他是一个被低效率困扰的人，上课时学不进去，做作业时也是能拖就拖。这个坏习惯让他吃尽了苦头，他鄙视自己，又不甘心，就找来一个像是番茄的厨房定时器，定时，强迫自己学习。哪怕是10分钟。他还和自己打了赌："难道我就不能学习10分钟？"

没想到，这个小番茄还真挺管用。弗朗西斯科·西里洛的学习和工作都高效了，他还成了时间管理大师。

番茄工作法，就是把工作时间分为若干个番茄时间。它里面有工作时间，也有休息时间，就是让我们有劳有逸，劳逸结合。把闹钟拨到 30 分钟或 40 分钟的位置，到了 25 分钟或者 35 分钟，闹钟响起了。你的工作还没完成，没关系，休息一下，倒杯水，伸展一下胳膊、腿，站在窗边看看楼下的小花小草。

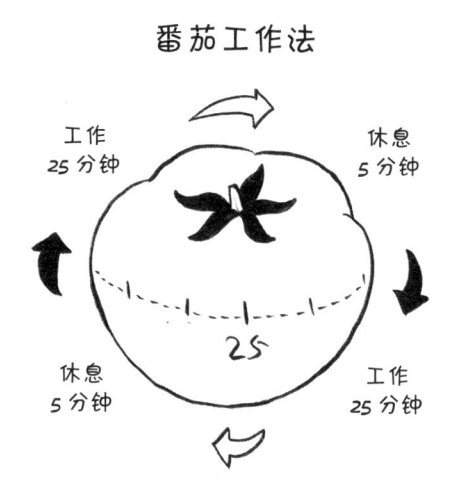

番茄工作法

工作 25 分钟　　休息 5 分钟
休息 5 分钟　　工作 25 分钟

5 分钟到了，闹钟又响了。你应该立即继续下一阶段的工作了！别再想没聊完的八卦，把手机放在一边，把水杯也放下吧！立即与和工作无关的事情说"拜拜"！

番茄工作法如何使用？

（1）每天一上班就进行工作计划，按照轻重缓急列出今天要完成的工作。

（2）设定你的番茄闹钟，时间为30分钟或者40分钟。

（3）开始完成第一项工作，直到番茄铃声响起。

（4）如果遇到非常紧急、重要的事情，可以先去处理，这一个番茄时间作废，完成这个事情后，重新设定番茄时间。

（5）一个番茄时间内不可以做与工作无关的事情。

（6）在番茄时间里，用冲刺的姿态高效去工作。

找到你的黄金时间

很多人做了时间规划，也用了番茄闹钟，可是工作效率依旧不高，为什么？

很简单，他们没有找到自己的黄金时间，在正确时间里做了错的事情。

一般来说，人一天中精力最为旺盛的时刻是上午10点到12点、下午2点到3点半。这两个时间段是效率最高的黄金

时刻，应该完成最为重要、难度最大的事情，可是有些人却用来做一些无关紧要的小事，再用其他时间做重要、有难度的事，自然就效果极差了。

同样的时间，做不同的事，效果不一样。同样的努力，做不好时间规划，那就是高效与瞎忙的差别。因此，我们需要找到自己的黄金时间，然后做正确的安排。

不妨来看看人一天的精力、智力的状态情况：

时间	精力	智力	工作效率
8:00	精力不错	记忆力好	开始进入工作状态
9:00—11:00	精力非常旺盛	大脑皮层兴奋，记忆力好	工作效率最高
11:00—12:00	精力旺盛	生理激素分泌旺盛	工作效率高
12:00—13:00	感到疲劳	大脑皮层不兴奋	适宜休息
13:30—14:00	昏昏欲睡	大脑反应迟钝	工作效率低
14:00—15:00	精力开始恢复	大脑开始运作	进入工作状态
15:00—17:00	精力旺盛	头脑清醒、思维敏捷	工作效率达到午后最高值
17:00—18:00	精力下降	敏感度降低	效率降低
20:00—21:30	精力充沛	记忆力最强、大脑反应异常迅速	第三个工作高效黄金时间
22:00—第二天6:00			睡眠、休息

当然，人各有异，每个人的黄金时间是不同的，有的人上午9：00—11：00，精力最为旺盛，工作是最高效的。有的人可能是下午3：00—5：00，精神焕发，能专注地完成工作。有的人则是夜猫子，在晚上9：00之后，或者凌晨时分，精力最充沛。但是，不管什么人，都不可能一天都精力充沛、没有不疲倦的时候。黄金时间过了之后，我们的精力就会慢慢下降，达到波谷，必须休息，然后经过一段时间，再迎来下一个黄金时间。

所以，我们必须找到自己的黄金时间是哪个时间段，然后把重要的、有难度的事情放在这个时间段，这样才能高效、创造出更大的价值。

这就结束了？不，我们还要把握1个原则——ABC时间管理原则。首先，列出两样东西，就是某个时期内我们的目标、同一时期我们需要做的事情。接下来，我们就要明确目标，针对目标对重要的、有难度的事情进行分类。

这个是对目标不太重要的，属于C类

这个是对目标比较重要的，属于B类

这个是对目标非常重要的，属于A类

最后，按照分类来处理事情就可以了。A类事件，安排60%~80%的时间；B类事情，安排20%~30%的时间；C类事情酌情而定，有时间就去做，没时间可以先延后处理。

每分钟都要有最大价值

一分钟可以发生什么?

针对这个问题,似乎绝大部分人没有想过。其实,一分钟可以发生很多事情,包括但不限于:

有 1800 颗恒星爆炸;

9 亿 6000 万吨水从地球表面蒸发;

闪电会击中地球 360 次;

人类要消耗掉 55000 桶石油;

平均眨眼 12 次;

比尔·盖茨进账 15000 美元……

而关于我们的工作与生活,能做的事情也不少——

阅读一篇五六百字的文章;

浏览一份简报、客户发过来的文件;

打一到两个回访电话;

做一个决定、想通一件事;

用键盘敲 100~120 个字;

背 10 个英文单词或数据；

把桌面整理得干干净净；

跑 400 米、做 20 多个仰卧起坐；

……

或者

什么都不做，发呆、拖延；

打开喜欢玩的游戏，然后又沉浸其中 20 分钟；

做出"明天再做"的决定；

打开电脑，等待；

倒水、说话……

一分钟可以做很多事、发生很多奇迹，也可以没有任何作用。对于每个人来说，一天只有 24 个小时，1440 分钟，这每一分钟都是不同寻常的。只要我们珍惜每一分钟，让每一分钟发挥最大价值，便可以有很多收获，甚至创造出奇迹。可是，这一分钟也是很容易被忽视、抛弃的，如果我们没有意识到它的重要性，很容易浪费一分钟、一分钟、一分钟……

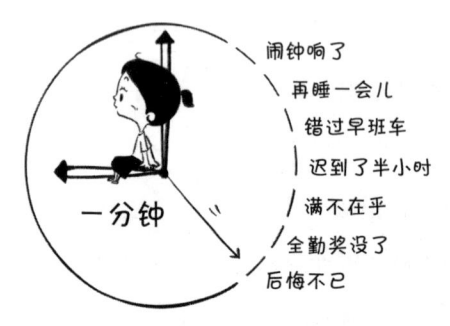

一分钟很短,一分钟也很长。关键是这一分钟我们应该做什么、怎样去做。我们需要明白:对待时间的方式,决定了我们做事的效率、价值,也决定了我们现在以及将来能够成为什么样的人。

当然,仅仅是珍惜时间,不浪费每一分钟还远远不够,最需要做的事应该是极其高效地利用时间,用每一分钟做最有价值的事情。比如,你做演讲,只争取来5分钟时间,那么这5分钟你应该怎么做?讲主题,吸引听众的注意,说服听众。把握节奏,环环相扣,每一个字、每一句话都刻在听众的心里,演讲才算是成功。

可是,如果你花时间说一些与主题无关的东西,或者东扯西扯,只花一两分钟简单地阐述主题,那么这时间算是浪费了,演讲也会以失败告终。

所以工作中我们要做好时间管理,每分每秒都要做最有生产力的事情。以下方法可以掌握一下:

1.时间越充裕,越珍惜每一分钟

你手中没有太多待办事情要做,时间充裕,这个时候最容易浪费时间了。所以,越是这个时候,越应该做好时间管理,安排好自己的时间,让每一分钟都发挥出最大的效用。

2. 给自己的时间定价

我们可以给自己的时间定价，一分钟到底有多大价值——充分利用它，可以收获什么；浪费它，便会失去什么。当你发现自己损失很大时，便不会再随便浪费时间了。

3. 做个一分钟游戏

一些游戏可以让我们看到时间价值。比如，给自己开一个虚拟账户，每天自动进账 86400，但是每晚的 12 点自动清零。这就是时间的流逝。再比如，挑战一分钟可以做多少事，看文件、写报告，或者简单地鼓掌、迈步、跑步等，明确一分钟时间的价值。

行动，与我们的生物钟一致

让工作节奏适应人体的生物钟规律，会让人感到更高效。

生物钟其实是我们体内无形的时钟，是我们自身对于时间的一种感知配合的节奏。生物钟，控制着我们活跃和休息的周期，决定了我们在什么时间有活力。

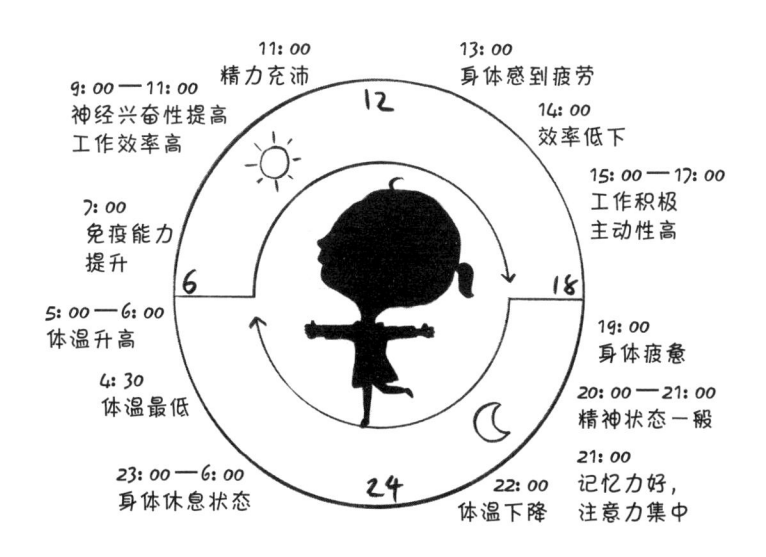

```
9:00—11:00          11:00              13:00
神经兴奋性提高       精力充沛            身体感到疲劳
工作效率高                              14:00
                                       效率低下

7:00                                   15:00—17:00
免疫能力                                工作积极
提升                                   主动性高

5:00—6:00                              19:00
体温升高                                身体疲惫

4:30                                   20:00—21:00
体温最低                                精神状态一般

                                       21:00
23:00—6:00          22:00              记忆力好，
身体休息状态         体温下降            注意力集中
```

一般来说，人的生物钟存在着规律：

5：00—6：00——人体生物钟的"高潮"，体温升高，起床之后会精神抖擞。

7：00——免疫能力提升，体温调节处于较低的状态。

8：00——肌体休息完毕，肝脏处于休整状态。大脑记忆力增强，进入第二最佳记忆阶段。

9：00—11：00——神经兴奋性提高，记忆保持最佳状态，身体、大脑都开足马力工作，工作效率非常高。

11：00——精力充沛，大脑、心脏继续工作。身体有一些疲劳和饥饿的感觉，但是比较微弱。

12：00——全身的全部精力已经被调动起来，要活动活动身体。

13：00——人体第一阶段的兴奋已经过去，身体感到疲劳，应该调整和休息。

14：00——体力与精力都处于最低点，反应迟钝，效率低下。最好打个盹儿，为身体"充充电"。

15：00—17：00——身体开始恢复，器官变得敏感，可以进入高效工作。听觉处于高潮，工作积极主动性高，可以适当增加工作量。

19：00——结束一天的工作后，身体疲惫，情绪不稳。

20：00—21：00——精神状态一般，可以适当休息。

21：00——记忆力非常好，注意力集中，可以做记忆、创作方面的工作。

22：00——体温下降，身体进行排毒，准备进入休息状态。

23：00—6：00——身体进入休息状态，需要睡眠来恢复和调整。

每个人的生物钟都是独一无二的，或许在大致上符合以上规律，但是有细节上的差别；或许与以上规律正好相反，夜间或者凌晨精力充沛、大脑活跃，能高效地工作。

生物钟一旦养成，就要稳定，被打乱的话，身体就会出现容易疲劳、效率低下、注意力不集中等情况。当然，我们可以对生物钟进行调节，一般来说，半个月就能调整过来。

可是，如果调整生物钟后不能适应，导致身体与心理都存在问题，无法正常工作。那么我们就需要慎重对待了，保持行动与生物钟一致，而不是非要调整生物钟。

正常来说，我们应该如前文提到的一样，早睡早起，但是有没有特殊情况呢？有的。华中科技大学教授张珞颖认为："应该遵从自己体内的生物钟来作息，而不是要遵从一个既定的标准，因为每个人不一样。……有一些人是天生的早睡早起，称为早鸟型；而有一些人则是晚睡晚起，也就是夜猫子型，比如我。"

华中科技大学教授张珞颖提出，强迫"夜猫子型"人早起，让他们在白天高效工作，不仅让他们焦躁、精神不振，也对健康不利。

事实上，有很多夜猫子型的人，还都是我们耳熟能详的名人，他们只有在夜晚才能进入最佳工作状态。比如，莫扎特、弗洛伊德、康德等。莫扎特时常在午夜 12 点编曲，下午大部分时间出席社交活动，晚上 7 点到 10 点之间编曲，参加音乐会。

遵循自己的生物钟，让行动与自身的生物钟频率一致。"对的时间"做对的事情，自然就高效了。

第五章
结果导向，先建立明确目标

有了行动的方向就有了行动的动机。克服拖延顽疾，需要以结果为导向，建立有效的、清晰的目标，然后快速地实现它。

什么目标都需要最后期限

想必很多人都没有听说过帕金森定律,这到底是什么?简单来说,就是只要还有时间,人们就会不断扩展所要做的事情,直到用完所有的时间。

如果我们给自己安排一项任务,计划1周内完成,那么往往会放慢节奏或者做一些别的事情来用掉所有的时间。即便这项工作,我们用3天时间即可完成。

这是有害的,无疑是造成了工作的拖延,以及时间的浪费。所以,我们需要给工作一个时间限定,根据工作的难易、多少确定一个截止日期。也就是我们所说的最后期限。

即,我们需要明确动机,确定每项任务都是有目的性、计划性的,然后依据最后期限,从目的推方法,从结果推目标。

然而,这也无法让一些人摆脱拖延。最后期限,反而成了他们拖延的借口与理由。

可以说，虽然人们为自己设置了最后期限，但是在最后期限真正到来之前，什么都想干，除了进入任务。

最后期限来临之前，我们的大脑处于不着急的状态，当然无法进入工作了，当然不紧不慢了。

另一方面，最后期限可以给人带来紧迫感，但是赶在最后期限之前完成任务，人的压力会更大，会手忙脚乱，导致容易犯错。就是说，依赖最后期限的确可以让我们完成任务，但是事情拖到最后才慌忙地赶工，质量也难以得到保障。一旦返工，更麻烦。

更重要的是，如果我们总是想着拖延，那么，一开始是清闲的，但是随着最后期限的接近，每天都需要完成150%~200%的工作，甚至是更多的任务，弄得自己筋疲力尽。

我们如何与最后期限和谐相处，让它帮助我们更高效？

1. 无论多难，都给自己设定一个最后期限

没有截止时间，我们就没有什么紧张情绪，不会加快行动的步伐。相反，有了截止时间，我们便可以倒计时，督促自己按时完成任务，更加高效地工作。

"最后期限是第一生产力。"这句话也不是玩笑而已。

2. 效率不是逼出来的

一些人总是说："效率是逼出来的！到了最后期限临近时，我才能逼着自己达到最高的效率，用最短时间做最高效的事情。"

可是，这只是拖延者的自我欺骗罢了。

压力是好事，也是坏事。非要到最后期限临近才行动，不仅逼不出来效率，还可能使人们陷入精神高度紧张的状态，焦虑、精神紊乱，更无法做到高效、高质量地完成任务了。

3. 确定更精确的时限

最后期限，重要的不是时限，而是设定时限的方式。我们需要设定较短的时限，迫使自己高效地工作，完成重要的事情，把不紧要的事情精简。当然，时限不能太短，没有放松的时间，工作压力、强度都太大，反而让我们的心态崩掉。

因此，折中是不错的方式。了解每项任务一般要花多长时间，可以让自己高效，又可以放松，便可以确定更精确的时限。

把大目标分解成小目标

当你接到一项重大任务,是不是有这样的感觉:无从下手,没办法行动,甚至产生放弃的念头?即使行动了,效率与效果也不大好?

其实,这很容易解决。只需把大任务、大目标,分解成多个小任务、小目标就可以了。小任务、小目标,具体且明确,各个击破,一步一步地执行,轻松且高效完成。

罗伯·舒乐博士建造水晶大教堂，筹集资金就运用了分解大目标的方法。写出大目标——700万美元，然后在这个目标下面分解小目标：

（1）找1笔700万美元的捐款；

（2）找7笔100万美元的捐款；

（3）找14笔50万美元的捐款；

…………

（9）找700笔1万美元的捐款；

（10）卖出教堂1万扇窗户的署名权，每扇700美元。

在这个神奇的方法下，看似天文数字的巨款，竟然筹集到了。

分解目标，可以纵向来分解，也可以横向来分解，以及按照时间分解。

纵向分解，就是把一个大目标，分解成为多个子目标。从一个大目标出发，围绕着它本身，进行不同角度的分解。

比如，你要提升团队工作效率，可以从明确分工、提升竞争意识、加强沟通、提升个人工作效率四个方面来着手。一步步完成小目标，就可以顺利完成大目标。

横向分解，把大目标由上而下地一层一层分解，明确责任，引出工作的各个方面。

按照时间来分解，就简单了。就是按照完成整体目标所需要的时间，把它分解为月目标、周目标和日目标，制定好每日、每周、每月需要完成的任务，实现季—月—周—日的逐层分解。

分解目标，是很简单的方法，但是也非常有效。不过，这也需要遵循以下原则：

1. 目标分解要充分、完全

目标分解，我们可以想象画一棵倒立的大树，从树根到树干，从树干到树枝，从大树枝到小树枝，不断地分解，做到分解充分、完全。

在这个过程中，我们要不断问自己：下一层的目标达成了，上一层的目标一定会达成吗？答案是肯定的，说明这个目标已经分解充分和完全；答案是否定的，那么分解还不够完全和充分，需要继续分解。

2. 小目标要保持与大目标一致

分解的小目标，要围绕着大目标来分解，与大目标保持一致性。同时，小目标在内容与时间上要协调、平衡，做到同步发展，不能顾此失彼。

3. 为小目标设定时间期限，并且高效执行

目标分解之后，我们需要给每一个小目标设定期限，这样才能系统地构成大目标完成计划表。之后，只要我们严格按照计划去执行，逐个高效地完成小目标，就可以实现大目标。

在这个过程中，我们要衡量每天的进度，检查每天的成果。完成了小目标，记得给自己一些小奖励；没有完成小目标，也要有一定的小惩罚，同时审查目标以及自己的行动，思考是目标出了问题，还是行动出了问题。

多目标，意味着没目标

同时追两只兔子的人，一只也不会逮到。同样，瞄准多个目标，一个靶心都射不中。

把多目标分解成不同层次小目标后，一些自认为能力出色、精力充沛的人便企图多目标进行，或者游离于不同的目标之间。可这样做的结果，或许只有一个：无法实现高效，无法实现任何一个目标。

对于追求高效的人来说，可以同时实现多个目标，可以多任务处理，其实就是一个谎言。目标，应该是集中、专注于一个。痛点，应该是解决一个之后，再解决另一个。否则，就会把精力分开，不知道如何侧重。

有人说："能一箭双雕的人，不是很多？"是的，这是一种天赋，一种高超能力。可是，并不是所有人都能做到的，更何况，其力量也是分散的。

太多的目标等于没有目标。工作中、生活中，我们应该拒绝几件事：目标太多；认为每个目标都一样重要；同时处理多方面的事情；认为一件事很难，做两件事很难，做一百件事就简单了；没有目的，欠缺考虑。

那么，如何去做呢？如何对目标进行管理，然后达到自己预期的良好结果？

1. 对自己提出问题，明确最核心的目标和当下的小目标是什么

对自己提出问题，决定了我们行为结果的走向。所以，把大目标分解成小目标，或者明确自己的现阶段目标后，问问自己：我的迫切需求是什么？我的关键问题是什么？

这些问题，有了答案之后，便可以明确最重要的事情是什

么，然后瞄准它，直接朝着它去努力。

2. 用倒推法来确定我们的优先事务是什么

有时，我们需要做的事情实在太多了，每一个都与目标直接相关，每一个都比较重要且紧迫，这个时候就需要从所希望的最终结果来倒推。

最终目标是什么，为了实现最终目标，我们未来5年应该做的最重要的一件事情是什么；为了实现5年目标，这一年应该做的最重要的一件事情是什么；……最后倒推出，为了当天目标，当下应该做的最重要的一件事情是什么。

这样一来，行动就不会盲目，当我们拼尽全力做事，结果也是好的。

3. 一次只明确一个目标，然后紧盯着自己的目标，心无旁骛地努力

要做到这一点，三件事非常重要，即为应该做的最重要的事留出时间段，并且保护好它；当拼尽全力做事，结果却不尽如人意的时候，要及时抛弃当下的这种做事方式，然后寻找其他有效方式；能放弃，敢放弃，不让自己陷入混乱。

评估与修正目标的法则

计划永远都赶不上变化。我们制定的目标也不完美，在执行的时候可能出现这样那样的问题，这些问题有源于外部原因的，也有源于内部原因的。

换句话说，在计划的世界里，没有不需要被修改的计划，没有不需要修正的目标。而如何去修正、调整目标，直接关系到我们能否实现最终的目标。

不合适的目标、可行性差的目标，比没有目标更糟糕。这就要求我们做好两件事：一是确定目标，制订计划；二是必须有评估能力与调适能力，评估目标的可行性、科学性，然后随时随地修正、改进自己的目标与计划。

1. 修正计划，而不是直接修正目标。目标一旦确定，便不可以随便修改，否则将一事无成。我们需要修正达成目标的计划，包括到达最终目标前的小目标

2. 修正目标达成的时间。如果修正计划还无法达成目标，可以修正目标达成的时间。一天不行，就一周；一个月不行，就一个季度

> 这个目标看起来有些高，短时期内完不成！

> 不要紧！根据目前的情况调整一下就可以了！

3. 修正目标的量。当发现任务过多时，可以根据自己的实际情况来减少任务的量，也就是压缩目标

4. 万不得已，放弃该目标。放弃目标，是很残酷的。但是如果目标真的不科学，执行难度非常大，我们就需要放弃，找寻新的方向，确立新的目标

　　修正与调整目标，可以让目标更科学、合理，让计划更加周密、更具可行性，减少了执行过程中的难度，也摆脱了拖延。当然，这种修正与调整并不是无条件的、任意的，只有围绕着中心目标、最终目标来进行调整与修改才能达到预期的效果。

修正与调整目标必须有一个"不变"的核心,即最终目标。离开了这个核心,目标就变得模糊,计划的执行也变得混乱了。所以,几个因素必须被考虑进去:

1. 目标是否必须要调整

虽然目标没有完美的,但是一个可行性强的目标,应尽量避免不必要的调整。所以,在评估与修正过程中,发现一些因素导致了一些问题,但是不会对目标的实现起决定性影响,完全可以不必调整,避免"捡了芝麻丢了西瓜"。

2. 调整要适度

就算目标有修正与调整的必要,在调整的过程中,也要注意一个度,能不大动就不大动,能不调整主体目标就不调整主体目标。调整过了度，就得不偿失了。同时，要慎重地、严格地对目标与计划进行评估，争取一次性调整完毕，而不是频繁地调整。

3. 该放弃就放弃

如果目标被调整多次之后，仍然无法明确地指导我们，仍无法实现预期的设想，就必须放弃了。重新制定一个更科学、更有执行性的目标，才能让我们的时间与努力不白费。

目标可视化，努力看得见

目标可视化，就是制定出每周每日的工作目标，然后把它放在显眼的位置，比如，文件架上、电脑屏幕旁，让自己随时都可以看得见自己的目标。

怎样做呢？

（1）汇总目标，把自己当天的工作计划汇总到一张表上。

（2）跟踪进度，完成的计划进行打卡，随时打卡，随时记录。

（3）有考核的标准，及时发现问题、解决问题，调整自己目标的方向以及行动的速度。

如果你是一位管理者，那么目标的可视化对于管理团队、提高团队效率就大有作用了。把每个团队成员的目标、完成情况、取得成绩都公开贴示到大家都能看到的地方，有对比，有竞争，所有人自然会积极行动，努力完成个人目标。

有了可视化的目标，目标也做到了清晰、具体，就会给我们的工作一定的方向性和引导性，让我们不至于迷茫，知道接下来做什么。这里有一些技巧，有利于我们进行自我监督、自我激励，进而带来更好的结果。

具体来说，我们需要掌握一些小技巧：

1. 想象自己已经实现了目标

这是最简单的可视化技巧，也是大多数人使用的方法。就好像我们在参加百米赛跑，在起跑点想象自己已经冲线，拿到了第一名。只要我们的大脑中有某种视觉图像，潜意识中想象着某种画面，就可以从中获得信心、激励。

2. 建立一个愿景板

想要目标看得见，需要拿出一些有形的东西——愿景板或者告示板，公开的目标，再加上具有代表性的照片和图像，就可以提醒我们——这是我们的目标，并缩小目标的焦点，让行动更具有方向性。

3. 给自己立目标

给自己立一个目标，比如你想拿下一笔大单，晋升到部门经理的位置，就可以为自己制作一张名片或者一张签约单，然后把它裱起来，放在显眼的位置，用来激励自己。

4. 创造一个"快乐的地方"

这种视觉化技巧可以减少工作带来的压力和焦虑，如果你感觉工作进度慢，自己感觉压力大，或者进入了瓶颈，无法发挥自己的潜力，可以找一个"快乐的地方"。比如，花园的一角、音乐会的中央地带，想到它就可以让自己安静下来。

5. 可视化多个潜在选项

很多时候，最好的可视化技巧就是描绘一个单一的选择，比如我拿到了订单，我的文案通过了。但事实上，把多个潜在选项形象化，对于我们实现目标有更大的帮助。

比如，我们可以想象最好的结果，也可以想象最坏的结果，只要不花太多时间去想坏的结果，就可以激励我们。

跳一跳，能够得着的目标最好

目标，不是越高越好，太高了容易让人失去信心、选择放弃。相反，目标，也不是越低越好，太过轻松容易让人失去成就感，也失去行动力。

跳一跳能够得着的目标最好。这样的目标，既有指向性又有挑战性，有利于我们进步与成功。

这是心理学教授艾德温·洛克所提出的目标设置理论，也叫作"篮球架"原理。

篮球场上的篮球架，看着有一定高度。它不是你伸手就够得着的，而是努努力能够得着进球的高度。这个高度，不容易进球，富有挑战性，但跳一跳就够得着，所以这项运动让人喜爱，也让人以高度的热情去追求。

想象一下，篮球架有5米高，或者只有2米高，还有人愿意去玩篮球，从中得到乐趣吗？

不要想着一步登天，否则会摔得很惨。制定目标时，要坚持遵守"篮球架"原理，制定一个"跳一跳，够得着"的目标。

有人问了：这样是不是限制我们的发展，无法实现远大目标？解决这个问题很简单，多制定几个"篮球架"，够着第一个之后，再去努力够第二个、第三个、第四个……不断地提升，不断地实现一个个目标，久而久之，就会有更大的突破。

想要高效、成功，我们要"慢慢来"，这个"慢慢来"有两层含义：一是做自己力所能及的事，然后不断提升自己；一是制定一个切实可行的目标，有挑战又不至于高不可攀。

欲速则不达，目标定得太高，不是成功的动力，反而会把自己搞得筋疲力尽。可是，用实现高目标的动力和条件去达成相对较低目标的实现，则会增大成功率。

而且，这容易让我们获得积极的自我心理暗示，自信心越足，自然可以实现更高的目标。

想要做到这一点，必须注意以下几点：

（1）对自己的实际情况有一个清醒的认识，包括能力、潜力、承受压力等。

（2）目标要具体，必须能够精确地观察，有效地量化。

（3）不断挑战自己的目标，一步步地完成目标，一步步地提升自己。

（4）目标实现的难易程度，要根据自己的出发点、目的来制定。

跟目标无关的事都远离

工作时，我们应该做到一点，那就是筛选。筛选出真正要做的事情和与目标无关的事情。做到了，就实现了高效；做不到，则容易沦为无效的忙碌者。

其实，工作中有些事情不是必须做的，它们与目标，或者短期目标无关，却被加入了工作计划的列表中，甚至没有计划，糊里糊涂就做了。包括：

被上司分配的琐碎任务；

帮同事取快递；

帮领导打印标书；

下一季度的工作计划；

没意义的会议；

自己的私事；

游戏、购物等与工作无关的事；

……

这些事大部分都属于四象限法则中的第三象限与第四象限，占用我们的时间，却没有什么价值。做越多这样的事，我们越忙碌，离目标也就越远。

对于那些不熟悉的事情，你需要不断地思考、确认，有时还担心自己做不好、让别人不满意，于是就挤压了做与目标有关的事的时间。而你的工作是有截止期限的，又不会顺延，所以，那些琐碎的事情，耽误了你的工作时间，而你只能利用下班后的时间把那些耽误的时间补回来。你得加班，你变得越来越忙碌，陷入了焦虑与恐慌，导致原本需要完成的任务完成不了，或者低质量完成。

每个人每天的时间是固定的，与目标无关的事情做得越多，价值就越低，浪费的时间也就越多。因此，高效，关键不在做事的速度，而是做与目标有关的事。换句话说，你不想不自觉地沦为无效忙碌者，那么，就要来个"清理门户"的行动了。

1. 明确目标

首先，我们必须明确目标，知道自己要做什么，实现什么目标，不仅有短期目标，还要有当周的目标、当日的目标。

接下来，对当日工作进行梳理，找出真正需要做的事情，标记下来。重要的事情先做，不重要的事情计划着去做，这样就能轻松地实现目标。

2. 列出清单，记录能帮助实现目标的每一件事

我们还可以列出一份详细的清单，记录当天需要做的所有事中能够帮助实现目标的每一件事，可以是五件，也可以是十件。同时，需要明确每一件事的重要性、紧迫性，以便时间的管理。

记录之后，我们要问问自己：如果我只能再多记录一件事，那么它对于实现目标有什么帮助吗？如果我需要清除一件事，它对于实现目标的帮助比较小，那么应该清除哪一个？

回答完这两个问题，我们便可以确定当天必须要做的事。

3. 清除

最后，我们就需要清除那些与目标无关的事情。

同时还需要清除重复性的工作，清除那些与长远目标有关，比较重要，但是不紧迫的，可以在未来一段时间按照计划完成的事件。

总结：与目标无关的事，一定是不重要的事，那么，请记住——不要去想，更不要去做。它们就像是我们生活中的垃圾，该整理就整理，该清理就清理吧！

计划是行动的最佳导航

时常有人抱怨自己的计划被打乱,计划赶不上变化:

本来需要三天完成的策划,突然要求两天完成。唉!又要加班了!

客户临时改变主意,我的计划又泡汤了!

呃!我的计划被紧急会议打乱了,又得重新安排时间了!

……

于是,他们便下了决定:既然计划赶不上变化,那我就干脆不计划了!

但是没有计划,做事就容易没有条理,容易分不清轻重缓急,导致被工作牵着鼻子走,陷于瞎忙、白忙的尴尬处境。

我们可以模拟一下这个过程:

你接到一项工作任务,决心好好地完成,拿出出色的成绩。

你准备拿出一天的时间准备资料、做实地调查、写报告大纲,再拿出一天时间完善报告,力争拿出完美的报告。

你正在收集资料,结果被一项紧急的事情打断,你只好转而处理这件事。

你的时间被一些事占据,只能多次推迟处理那件任务的时间。

你好像很忙碌,可是一天下来,工作却没什么进展。

第二天,你又计划好了,可是依旧重复昨天的"悲剧"。

下午,你终于有时间写报告,可是身体已经疲惫,精力已经消耗得差不多,坐在办公桌前半天都没有思路……

无奈,你只好加班,熬夜,仓促地完成报告。

自然,预期没达到,你每天很忙,却没效果。

可是,如果你做好计划呢?把这两天的工作进行明确合理的安排,即便有紧急事件需要临时处理,需要调整一下时间安排。但是,这并不影响整体的工作内容和进程,可以让工作有条不紊地进行下去。那么,结果会截然不同。

瞎忙族:埋头做事　　　　高效族:目标清晰

计划，是行动的最佳导航。我们需要做好工作计划，包括一天、一个星期、一个月，甚至一年的工作计划，这样才知道工作的方向，明白自己努力的目标。

制订工作计划的步骤：

（1）写好工作计划的要素——工作内容是什么；工作方法是什么；谁来做工作；什么时间完成工作；工作的进度。

（2）明确工作计划的原则——对上负责；切实可行；集思广益（团队工作计划）；分清轻重缓急，突出重点；明确防范措施。

（3）明确如何确保有效执行——根据自己的实际情况制订计划；监督自己；跟踪执行。

虽然计划赶不上变化，但是事先不制订明确合理的计划，行动就会被耽搁、时间就无法最大化地利用。有一个详细的计划，且严格按照计划去做，就可以直奔目标了。

当然，制订计划也有秘诀，我们可以记下来，借鉴一下：

（1）时间计划要详尽且实际，不超过自己的实际能力范围。

（2）设定起始日期，让时间增值。

（3）负责任地制订计划，设法解决问题。

（4）平衡时间分配，不占满自己的工作时间，不占用自己的私人时间。

（5）讲究效率，采取快捷的工作方式，只做自己该做的事。

第六章

精力管理，让自己持续高效

学会精力管理可以撬动时间杠杆，让自己的工作更高效。如何去管理？只需做到这三点：管理好体力、心力和脑力。体力好是做好事情的基础，心力好可以减少情绪内耗，脑力好才能更有效地做决策。

精力才是更高效的生产力

高效工作，不但靠时间与目标管理，更靠精力管理。

精力是一种生理的能力，不管理精力，时间安排得再精妙，目标设置得再高远，也是没有意义的。

精力并不只是体能，其来源包括四个部分，即体能、情感、思维和意志，由下到上组成金字塔。

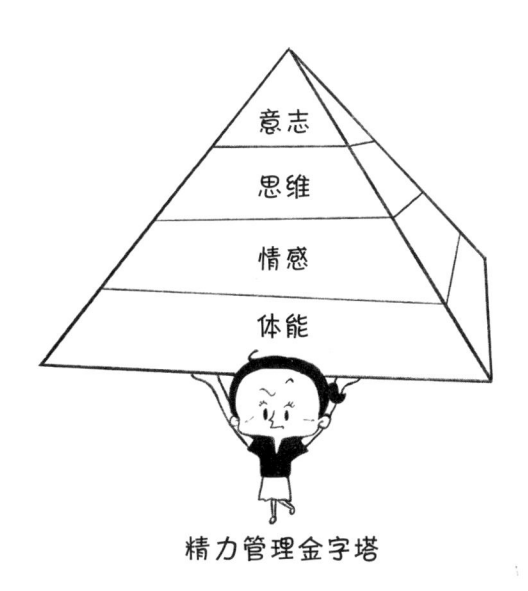

精力管理金字塔

具体来说，要保证体能充沛，随时保证精力充沛的最佳状态。而做到这一点，就要生活有规律，劳逸结合；保证积极的情绪、积极的情感，不因忙碌而忽视家庭、亲子关系，不焦虑、不抑郁，保持快乐，享受工作，享受生活；有专注的思维，善于思考，看得清目标，也思考自己的行为是否保证正确的方向；意志坚定，有一定的信念，朝着目标积极行动，不因挫折、失败而拖延、放弃。

简单来说，精力充沛＝体能充沛＋情绪积极＋思维清晰＋意志坚定＝高效工作。

做到这一点，我们不管什么时候都可以精力饱满、轻松自如地处理大量的问题。就算是每天高强度工作，依然可以有更多的精力投入工作中，创造出更多的价值。

如果做不到这一点，就是另一番景象了：精神萎靡，做什么都打不起精神，做一点儿事情就疲惫不堪，充满了抱怨，遇到一点儿难题就给自己找理由，拖着、拖着又是糟糕的一天……

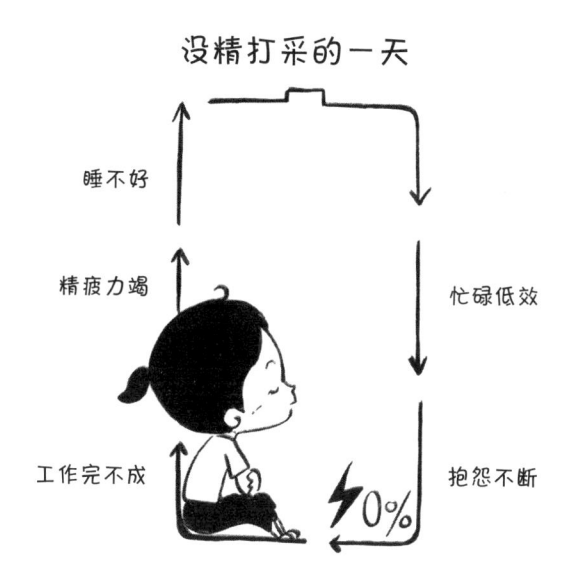

因此，我们需要做好精力管理。如何管理？很多人采取了直线型管理，就是一直工作，疲惫了，再休息。休息好了，再工作，如此反复。休息，不是必需的，而是实在没办法工作之后的被迫选择。

职场上，熬夜型、内卷型"选手"就是采取的这种管理模式，可实际上，如果不是天赋异禀，就容易对身体有害，对于提高工作效率也无益。

人的精力并不是持续的，而是一种规律性的东西，就像是钟摆一样，有高低起伏的规律性变化。所以，我们也需要配合这种节奏与规律，对精力进行钟摆型管理。

1. 一个小时的钟摆

一般来说，大脑的注意力只能维持 45~90 分钟，所以，我们每隔 60 分钟就应该主动休息一下，让大脑与身体都休息休息，补充精力。

可以站起来，伸个懒腰，做个运动。可以远眺一下，放松放松眼睛。也可以转化一下大脑，做一些零碎的工作，或者从脑力活动切换到体力活动。

其实，番茄工作法就是利用了这个原理。

2. 一周的钟摆

人一天的精力是有起伏变化的，同样，在一周之内的精力，也是有起伏变化的。所以，我们可以根据精力的充沛与否来进行管理：

星期一——人的生物钟还没有调节过来，感觉疲惫不适、精神不振、注意力不集中，自然也无法高效工作。所以，可以安排一些会议、做一周工作的规划，适当地进行自我调节。

星期二——精力变得充沛，注意力集中，工作效率最高，可以做一些有难度、有挑战性的工作。

星期三——精力比较充沛，思维活跃，进入工作转态，可以安排一些脑力工作。

星期四——精力与注意力都开始下降,可以安排一些与客户沟通的工作。

星期五——人工作了一周,感觉身体疲惫、精神萎靡,又期盼着周末休息,所以不适合安排有难度的工作,也不适宜加班熬夜,否则只会低效。

星期六、星期日——不提倡加班,可以充分休息、尽情地去玩,否则下一个星期会陷入疲劳战,进入恶性循环。

运动为你的大脑注入"清醒剂"

> 我该运动了。但我太忙了,哪有时间运动?!我太累了,哪有精力运动?!!

大部分人没有运动的习惯,一说就是没时间、没精力,可是运动的好处真的很多很多,能让我们的体能更好,能增强我们的意志力,也能让大脑保持活力……

来看看,运动能给我们带来哪些惊喜吧!

1. 消灭坏心情，保持正能量

不管是有氧运动还是无氧运动，都可以让我们的身体释放出脑内啡以及其他化学物质，比如血清素、多巴胺、去甲肾上腺素、内源性大麻素等，让人保持心情的愉快。

痛快的运动之后，身体释放出大量化学物质，烦恼少了，压力减轻了，浑身充满了正能量，自然就可以高效地工作了。

2. 增强意志力，保持毅力与耐力

没有坚持与耐力，注意力不可能长时间专注，持续高效就成了空谈。

运动，可以让我们身体棒棒。身体好，自然也就有利于抗压能力、意志力的提高。这样一来，等到完成挑战性任务时，也就不会因为困难而找借口拖延，或者直接放弃。

3. 增强记忆力，进一步活化思维

运动之后，血液流向大脑，特别是有关学习和记忆的海马体的血液增加，让我们记忆力增强，思维更活跃。同时，每天坚持运动之后，我们的大脑就会产生更多处理信息的大脑灰质，处理信息更高效。

4. 保持专注力，高效率思考

即便是短暂的运动，比如白领工作间隙做室内运动10到20分钟，也可以让流向大脑的血液增加，提升我们的专注力，把注意力放在工作上。同时，产生的脑内啡及某些荷尔蒙，有助于大脑提高警觉，让我们保持清醒。

所以说，好的工作状态是非常重要的一件事情，我们要做的就是寻找有效的方法让自己保持精神饱满，大脑清醒。运动就是不错的方法。

不过，我们需要根据自己的实际情况，选择适合自己的有氧或无氧运动。

1. 室内瑜伽

瑜伽，是一种放松身体、清醒大脑的运动。强度不大，又可以锻炼四肢，让身心得到舒展，每天运动10到20分钟，身心放松了，自然有精力、有心情更好地投入到工作之中。

2. 健身操

健身操是一种有氧运动，也是办公室里的白领们接受度最高的运动。

它节奏感强、韵律感强，而且极富趣味性，同事们找个空地，一起来运动，十几分钟就可以驱散疲惫，让身体与大脑都充满了活力。

3. 拉伸运动

大部分人是没有条件做瑜伽、健身操的，那也没有关系，我们可以做一些简单的拉伸运动。

比如，坐在椅子上，身体绷直，慢慢地弯曲身体，双手尽量往地下探；坐在椅子上，两腿并拢，左手放在椅子后背上，右手放在左边椅子边缘上，腰部向左边扭动，保持下半身不动；站起来，保持身体笔直，抬起左臂，向右弯曲身体，弯曲到极限值。右臂重复这个运动……

拉伸运动之后，身体的疲惫得到缓解，大脑也得到了休息。

4. 跑步、跳绳、打球等运动

早晨、下班后，或者周末休息时，我们也可以加强运动，如跑步、跳绳、打球、游泳、爬山等，不仅可以给大脑注入"清醒剂"，还可以缓解压力，让我们保持饱满的精神状态，更好地投入工作。

先把睡眠质量管理好

睡眠不好,精力自然不佳。

我们只有通过睡眠得到休息,才能补充精力,确保精力充沛,进而高效地工作。可是,现在职场人由于压力大,以及不良的作息习惯,睡眠质量越来越糟糕,一些人甚至对睡眠产生焦虑。

一天劳累的工作之后,拖着疲惫的身体上床却不能尽快入睡,刷微博、看视频、玩游戏,一眨眼就午夜 12 点了。之后又担心晚睡影响自己休息,影响第二天工作,于是越担心越无法入睡,又失眠了。

结果显而易见,第二天浑浑噩噩地起床,打不起精神,精神无法集中,工作低效、易出错。所以,想要让自己持续高效地工作,应该先把睡眠质量管理好。

我们需要纠正一个错误的观念,就是"精力好=睡得少"。睡眠是保持精力充沛的一个秘诀。

我们可以自测一下睡眠状况,看看自己的睡眠质量是好还是不好。

接下来,请认真思考以下问题,记录下来。

(1)你觉得平时睡眠足够吗?

A. 睡眠过多了　　　　B. 睡眠正好

C. 睡眠欠一些　　　　D. 睡眠不够

E. 睡眠时间远远不够

（2）你在睡眠后是否已觉得充分休息了？

A. 觉得充分休息了　　B. 觉得休息了

C. 觉得休息了一点儿　　D. 不觉得休息了

E. 觉得一点儿也没休息

（3）睡眠充足的情况下，白天是否打瞌睡？

A. 很少　　B. 有时

C. 经常　　D. 总是

（4）你平均每晚大约睡几个小时？

A. 大于9小时　　B. 7~8小时

C. 5~6小时　　D. 3~4小时

E. 更少

（5）你是否有入睡困难？

A. 很少　　B. 有时

C. 经常　　D. 总是

（6）你是否多梦或常被噩梦惊醒？

A. 很少　　　　　　B. 有时

C. 经常　　　　　　D. 总是

（7）为了睡眠，你是否吃安眠药？

A. 很少　　　　　　B. 有时

C. 经常　　　　　　D. 总是

（8）你失眠后心情如何？

A. 无不适　　　　　B. 有时心烦、急躁

C. 心慌、气短　　　D. 疲惫、没精神、做事效率低

注意事项：

（1）评定的时间范围——过去的1个月内。

（2）各选项分数由低到高，从1分到5分，总分越高，说明睡眠问题越多，睡眠质量越不好。

那么，我们如何管理好睡眠？

（1）养成规律的睡眠习惯，早睡早起，不熬夜，形成良好的生物钟。

（2）入睡前，不看手机，不玩游戏，保持心态的平和，如果入睡困难，可以尝试冥想，缓慢而深入地呼吸，并想象白云、安静的海滩等图像。

（3）打造一个黑暗、安静、舒适的环境，阻拦不必要的噪声，尽力保持卧室温度低于21℃，不把卧室布置得过于鲜艳，不放置散发刺激性气味的东西。

（4）即便无法入睡，也不要看手机、打游戏，更不要在床上辗转反侧。可以洗个热水澡，听舒缓的音乐，或者做一些不激烈的活动，直到感到昏昏欲睡再回到床上。

（5）做好生活管理，睡前不饮用咖啡、茶叶等刺激神经、让人兴奋的东西，晚饭不要吃得太饱，要吃一些容易消化的食物。

（6）增加白噪声，让它成为我们睡眠的背景乐，这样一来，可以让我们放松精神、愉悦身心，然后改善睡眠质量、提高工作效率。

（7）没事不上床，不在床上进行除了睡觉之外的事。

戒掉浪费时间的"手机瘾"

手机已经"侵入"我们的生活，它不仅填满了我们所有的零碎时间，还让我们工作时心不在焉，每隔几分钟就拿起手机。

可是，我们真的有那么多事需要看手机吗？有那么多人联系你吗？没有。

问题在于，由于我们已经沉迷手机，心浮躁了，注意力无法集中了，似乎患上了"无手机焦虑症"。于是，我们被手机

控制了,一旦不把手机放在触手可及的位置就浑身难受、好像丢了魂一样——即便手机没响,也要过几分钟就察看一次,即使睡觉或洗澡也机不离身。

手机让我们成了"低头族",也让我们浪费了很多很多工作时间。每次拿起手机,我们的注意力就被中断,等到再集中到工作上,就需要更长的时间。

算一下,因为"手机瘾"我们浪费了多少时间:

早上起床,一边洗漱一边看手机,多花了 5 分钟;

到了公司,工作前刷一刷微博、短视频,浪费了 10 分钟;

工作中,忍不住拿起手机,看看有没有人给自己发信息,一次浪费 1 分钟,一天就是几十分钟;

工作告一段落,休息的时候,趁机来一把游戏,一下就守不住了,浪费了 20 分钟,甚至是更多;

下班回到家,一边吃饭一边刷短视频,多花了 20 分钟;

睡觉前,玩游戏、刷视频,少则 1 小时,多则几个小时,睡觉时已经午夜 12 点了。

……

看吧！浪费在手机上的时间竟然有这么多……我们养成了坏习惯，彻底被手机控制，无法摆脱拖延症。

因此，我们需要戒掉"手机瘾"，从被手机控制变成控制手机。这不难，做好以下几步就可以：

1. 查看并记录在手机上浪费的时间

时间用在哪里，如果不记录，那么我们永远都不知道自己是否浪费了时间。记录自己在手机上浪费的时间，即便是1分钟也要记录下来，坚持一个星期。看到惊人的数字，就可以刺激我们下决心戒掉"手机瘾"。

2. 给玩手机设置障碍

工作前，把手机调成静音，然后放在看不到的地方，这个做法可以有效地让我们与手机隔离，不被手机干扰，提升工作的专注度。

关掉App通知，把游戏、短视频设置使用时间——工作时间禁用，这样一来就可以避免被诱惑。即便被诱惑了，一看到禁用标记，也可以马上放下手机。

3. 多运动，多看书

我们需要减少对手机的依赖，少打游戏，少看视频，少聊天。有时间多到户外走走，运动一下，或者与朋友聊天、约会——记住，千万不要聚在一起玩手机；可以多阅读，看一些有价值的书，让自己浮躁的心平静下来。

4. 使用工具

人的自律、自控能力是差的，我们需要提升自律、自控能力，也需要学会使用一些工具，比如番茄闹钟、Forest 工具等，增加专注的次数，延长专注的时间，也可以帮助我们减少对手机的依赖。

情绪精力的提升

常常有许多人会因为情绪影响工作状态，因为一件小事而烦躁，然后无法全身心投入工作；因为与同事发生争执，愤怒、委屈等负面情绪袭来，然后静不下心工作；因为遇到了难题，没信心解决它，于是长期情绪低落，导致精力锐减，工作也拖延下来……

情绪，决定了我们精力的质量。

情绪分为两类：积极情绪和消极情绪。积极情绪，包括喜悦、信任、自信、乐观、耐心等；消极情绪，则包括愤怒、恐惧、仇恨、焦虑、嫉妒、悲伤等。情绪不同，其作用也是不同的，前者具有建设意义，后者具有破坏性。

俗话说："人逢喜事精神爽。"就是告诉我们，好的情绪能让我们精力充沛、事半功倍。相反，负面情绪，真的消耗精力，也是高效工作的杀手！

我们再看看情绪的四象限图：

情绪四象限

消极情绪	积极情绪
紧张 愤怒 害怕 恐惧 焦虑	乐观、热情 信心、耐心 感谢、感激 生机勃勃 兴奋好奇 充满希望
疲惫 挫折感 失败感 伤感、忧伤 放弃	平和 放松 漫不经心 平淡

想要在工作中实现全情投入，我们必须做好情绪精力的管理，调动积极愉悦的情绪，消除负面消极的情绪。那么，情绪、情感的控制就变得重要起来了。

情绪管理，也有一个低水平、高水平之分，低水平的情绪管理，就是发泄，或者压抑。不管是哪一种，都有损我们的精力。发泄，让自己的情绪爆发，心情很难平复；压抑，一直存着负面消极情绪，憋出"内伤"，更消耗精力。

高水平的情绪管理，就不一样了。同样是发泄，却是有意识的，选择合理、科学的方式发泄。发泄的时候，情绪是受控的，并可以及时地进行调整，自然能迅速恢复平静。

无意识与有意识的情绪发泄有本质的区别。如果我们能按照一定模式进行训练，察觉负面情绪，然后及时地调节与发泄，那么情绪精力就会越来越强。具体要怎么做呢？

1. 找到负面情绪的来源，尝试接纳自己的情绪

其实，情绪是自然出现的，不管我们喜欢不喜欢，而且它是没有对错的。

我们要知道我们为什么会愤怒、悲伤，为什么会烦躁、焦虑，找到情绪的来源，然后说服自己去接纳它，接下来就可以直面它了。这是情绪管理的前提。

2. 有意识地发泄与表达

我们可以意识到自己的情绪在作怪,愤怒时心跳加快、火气直冲脑门,内心平静不下来。这个时候,就需要有意识地去调节与发泄,比如深呼吸、到安静的地方冷静一下,然后倾诉、到没人的地方大喊、运动……

发泄了,被压抑的情绪释放出来,也就不会再有情绪了。

3. 训练正面情绪的肌肉

与身体肌肉训练一样,情绪肌肉也是可以训练的。比如,练习微笑、做一些有氧运动、阅读、练书法,等等,都可以训练我们的正面情绪肌肉,从负面情绪中走出来,迎来正面情绪。

4. 做一些让自己愉悦的事

做一些愉快的事情,比如看电影、运动、约会,可以让我们心情愉悦起来,情绪向正面发展,从而提升情绪精力。

做让自己愉悦的事,也可以给我们带来满足、安全感,有了这些,就可以维持积极情绪的正循环。

思维精力的提升

谁也不想成为低效勤奋者,可是很多人不知不觉就沦为了低效勤奋者。

他们有两个主要特征:一是不思考,二是采取低级思考。这导致他们做事效率低,没成效,成长慢。

不管是不思考还是低级思考,都是不善于管理思维精力的表现。思维精力,是我们在脑力方面的精力,如果思维精力不强,那么在工作中我们就容易注意力涣散,懒于思考,创造力欠缺,工作的效率自然大打折扣。

不能专注,容易胡思乱想,容易被一些外在、内在因素干扰,时间也就浪费掉了。

而懒于思考,或者采取低级思考的方式,结果无外乎两个——一是看似做了不少事,却没什么成效;二是不成长、不创新,长期进行重复的工作,不能带来持续的竞争优势及效率的提升。

简单来说,长时间不思考或者不深入思考,大脑就会变得迟钝。思考能力下降,逻辑能力下降,注意力不容易集中,对信息的掌控能力也慢慢丧失了。好像肌肉长时间不锻炼,就会萎缩一样。可惜的是,大脑的萎缩、迟钝,是很难被察觉的。

大脑训练的方法:

(1)工作前思考当天的工作计划与挑战。

(2)工作结束后进行总结。

(3)对自我进行反省,与自我进行积极的对话。

(4)列出需要解决的危机清单。

(5)正向思考。

如果我们想提升思维精力,应该如何去做呢?

1. 维护好体能精力和情绪精力

四个维度的精力是相互联系、相辅相成的，体能精力和情绪精力都对我们的思维精力有不小的影响。

如果身体处于疲惫状态，睡眠太少，那么专注就变成了难题；如果被焦虑、挫败、不自信等情绪困扰，深入思考也往往受影响，创造力也受到伤害。

所以，我们应该做好体能精力和情绪精力的管理，保持身强体壮，保持积极正面的情绪，以便增强我们的思维精力。

2. 勤思考，加强深度思考

勤思考，让大脑变得活跃起来，同时也要提升与改善思维的深度、广度与高度，这样一来就可以建立思考力体系和改善思维方式。

做到深入思考也不难，有批判精神、多提问题、逆转思维就可以了。

3. 冥想、运动、放松身心

大脑在运行时，往往会消耗心理能量，产生疲劳感。所以，我们需要让大脑放松，通过冥想与运动来刺激，产生创造力以及迸发奇妙的灵感。

4. 做好时间管理，安排合理工作计划

被一些不重要的事务包围，会不断加强内心的紧迫感，这种紧迫感，会不断地侵蚀我们的思维精力，让我们的大脑"死机"，只能处理一些简单的事情，然后拖延一些重要的事务、重要的思考——决策、规划、创新等。

所以，做好时间管理是必需的，留出"黄金时间"做重要事务、深入思考、自我反省，便可以实现高效。

意志精力的提升

意志精力，位于精力金字塔的最顶端，也是贯穿精力金字塔所有维度的精力。

什么是意志精力？

其实，就是我们精神层面的精力，它的关键动力就是我们的性格、品质，包括激情、奉献、勇气、信念等。如果我们明确了目标，那么就有勇气、信念与毅力，能迎接挑战，能解决难题，也能凭借着强大的动力实现大目标。

用一句话来总结，意志力是我们做事情的动力来源，它决定了我们为什么要坚持做一件事，是否能坚持做一件事。

我们可以做这些事来提高意志精力：

1. 放松或者冥想

意志精力的消耗和更新，是同时发生的。我们可以通过放松来恢复与提升意志精力，比如，散步、阅读、听音乐、冥想。尤其是冥想，可以让我们身心放松、思维平静，同时带来意志的开阔。

10分钟的冥想，就可以让我们的注意力更加集中，获得更多激情、乐观与信念。

2. 专注独立的工作，让思想远离诱惑

专注独立的工作，可以让注意力集中，激发灵感与动力，避免负面的想法或者胡思乱想。

而远离了诱惑，让价值观驱动我们去追求目标，自然可以调动精力去完成有意义的事情，实现持续高效的工作。

3. 牺牲自己的精力，奉献他人

牺牲自己的精力，来帮助、服务他人，也可以让我们的情感和精神得到充分的满足，带来意志精力的开阔。

比如，为团队做贡献，承担自己需要承担的责任，虽然让自己的需求让位，但是也能让我们心情愉悦、对团队所追求的目标充满信心，自然也就拥有了丰富的力量。

相反，若是自私自利，逃避责任，不顾及团队的发展，那么精力反而被削弱——被担忧、恐惧、焦虑困扰，也失去了信念与激情。

4. 从小事开始更容易激发成就感

先从小事开始，强迫自己做些小的决定，将越来越多的小事情做好之后，你就可以开始做一些大决定。在做完后，你可以复盘得失，让自己拥有成就感，这是很重要的。

5. 通过自我暗示加强纪律性

经常告诉自己锻炼意志力的好处，加强自控与自律，鞭策自己朝着目标不懈努力。

精力管理训练系统

精力管理很关键，管理好精力，我们才能够高效做事。因为有了超强的精力，才有条件在工作中激发源源不断的热情，高效地利用时间。

精力，与我们的肌肉一样，也是需要锻炼的，且可以像经常锻炼的肌肉一样，越来越强壮。

精力管理的原则：劳逸结合，定期训练，周期恢复，形成习惯。

1. 劳逸结合

我们知道，精力来源于我们的身体、情感、思想与精神，这四者相互独立又相互影响。

身体方面的力量、耐力、灵活性等，对于工作是非常重要的，锻炼好身体，恢复好体能精力，也就相当于管理好的发动机。情感方面的自信、乐观，不仅关系到自身的情绪、心理状态，同时也关系到人际关系的融洽与否。思想方面的创造力、专注力、思维力等，则决定了你前进的方向，是否有重大发现与突破。最后是精神方面的信念、责任、贡献，让我们发现工作与人生的价值与意义。

关于这四方面的精力，我们要积极地调动起来，加大投入的程度与力量，但是管理的灵活性是不可或缺的。要劳逸结合，在感觉超出一般的压力时马上休息，才是最佳选择。

2. 定期训练

适度的训练，可以让身体强壮，同样也可以让其他方面的精力突破舒适区，提高承受压力的能力。就像是运动员训练一样：体能——慢跑、快跑，思维——思考、发散思维、逆转思维，精神——正面激励、不断挑战……定期地让自己度过挑战带来的压力和不适感，强迫自己承受压力，这样一来，身体、情感、思想和精神上的精力都能大大提升。

3. 周期恢复

精力使用之后，会慢慢地损耗。过度使用，恢复将非常缓慢，导致效率低下，工作延误，甚至产生职业倦怠。于是，周期性恢复精力，就成为精力管理的关键。

恢复精力，方法要正确。正确休息，可以睡眠、运动、冥想，但是拒绝看手机、玩游戏。后者都不算是休息，无法让精力恢复到最佳状态。

充足睡眠
保证充足睡眠是恢复精力的第一步

冥想
在大脑疲劳状态下，可以迅速放松，让压力清零

恢复精力

放松
有氧运动、活动筋骨，让紧绷的肌肉放松，快速复原身体

充电
散步、听音乐、回到大自然，是轻松又健康的休闲方式，也是恢复精力的关键一步

4. 形成习惯

任何事情，如果不能形成习惯，只是满怀激情地去做了，两天之后，或者一个星期之后就不了了之，也是没有多大价值的。

我们要有意识地去管理精力、训练精力，坚持下来，形成一种程序化的习惯模式，这样才能真正有好的效果。

精力管理，应该是按照精力金字塔从下到上的顺序，即"身体—情感—思想—精神"的顺序来管理，而其产生的变化则是相反的，即"精神—思想—情感—身体"。想要实现这样的目的，我们需要做好以下几点：

1. 制定目标，努力做到言行合一

目标应该是积极的、内在的、超越自我的，给我们带来动力、内心的满足感，愿意为目标付出最大努力，甚至做一些不喜欢、不是分内的事情，全情投入自己的目标。

2. 适当地释放精力

工作中，我们要适当地释放精力，即使遇到难题、挑战，遇到与自己期望相反的事，也要做到大胆地尝试，努力去争取，而不是刻意逃避。

我们要坦然、公正地看待自己，发挥自己的优势，也接受自己的缺点，增加积极精力的储存与释放，同时让精力有效地为我们服务。

杜绝精力分散的管理

精力集中,工作能轻松达到高效;精力分散,便注定了无法高效与成功。

精力分散,有管理不善,被一些游戏、琐事占据的原因,有时是不懂管理,被一些看似有价值的事占据。

其实，心理学上有一种贝尔纳效应，源于著名英国科学天才贝尔纳，虽然他是天才，但是却未能获得诺贝尔奖，也没能做出令人惊叹的成就。因为他兴趣过于广泛、思维过于发散，以至于思维精力与意志精力被严重分散，无法进行专一、精细、深入的研究与创造。

贝纳尔效应，让我们的精力被分散，什么事情都浅尝辄止，没有一定的坚持与专注，于是效率没了，成绩也是平平。

精力分散，是我们高效工作、迈向成功的拦路虎。那么，还有什么原因，可能导致我们精力分散，或者无法把精力用在最关键、最核心的地方，更无法让我们的精力发挥最大的价值呢？

（1）不善于分权；

（2）不懂合作；

（3）不会求人；

（4）不善于让别人分担工作……

思考一下，你身边是不是也有这样的人？

领导者，把所有的问题都自己扛，不懂把任务适当地分配给下属，不懂将精力集中在统筹、决策、做关键工作上，以至于精力分散，无法做到高效。

团队中的成员，习惯单打独斗，只埋头完成自己的那一部分，不善于与其他成员合作，以至于做了许多无用功，延误了自己的工作,也拖累了团队进度。

普通员工,遇到了难题却死扛、钻进死胡同,弄得自己身心疲惫,精力大为受损,却不懂得求助于他人、借助他人的智慧。

……

因此,我们要加强精力的管理,杜绝精力分散,尽量让我们的有限精力产生更高的价值。

1. 适当放权,适当把任务分配给下属

如果你是领导,就需要智慧地做领导,善于分权,善于管理团队。即做好重大事件决策、做好团队的管理,而不是事无巨细都自己负责。把权力与任务适当地分配给下属、团队,不仅可以集中精力处理关键事务,同时还可以提升下属与团队的工作能力与效率。

2. 能合作就发挥合作精神

一些工作必须经过合作才能完成得更好,才能实现高效能。尤其是,在高度细化的分工中担任一部分工作的人,不合作,就无法顺利进行工作,更无法保证效率与质量。

3. 可寻求他人帮助

很多时候,一些事靠一个人的能力是完不成的,需要求助于他人的力量与智慧。求助于他人,并不丢人,总比自己困在原地、浪费时间更有意义。

求助别人,可以快速、有效地解决问题,也可以节省自己的精力,何乐而不为?

4. 不把所有责任都揽到自己身上

作为团队的一员,可以积极主动,也需要承担责任。但是不能把所有责任都揽到自己身上,否则往往因为责任大、压力大而使自己精神疲惫、精力分散。

第七章

及时复盘，别让拖延卷土重来

拖延症是一种可怕的顽疾，只要我们稍一松懈，它就卷土重来了。我们需要提高警惕，做好与它进行"持久战"的准备。

防止拖延卷土重来

效率提高了,拖延行为也少了,于是便放松下来。但是,生活总是有变化的,拖延是顽固的,一不小心,拖延症就复发了。

拖延卷土重来的信号:

当感到紧张、焦虑的时候,想要推掉或逃避当下的工作;

工作计划中待办事项越来越多;

工作中的抱怨越来越多，被人抱怨也越来越多；

有加班的倾向，加班的时间越来越晚；

老板、同事开始对你有意见；

……

当你看到这些信号时，就应该敲响警钟了——我的拖延症又来了！

那么，这个时候该如何去做呢？

把之前的方法再来一遍？！显然，效果将大大降低！因为你已经产生了免疫力，而且拖延症也已经变得顽固又狡猾了！之前的那一套，已经不能有效地对付它了！

就是说，你得改变策略，优化行动。

1. 审视自己的内心和思想

审视自己的内心，问问自己：我是真的下决心与拖延症决裂吗？我的决心有多大？我是不是存在消极的想法？为什么之前的努力都付诸东流了？是不是对战胜拖延产生了逆反心理？

然后大声地告诉自己：战胜拖延症是一个长期的过程，我不应该自我否定，而是应该更多地关注自我。等到正面的反馈，我们才能继续与拖延战斗、改变它，而不是放弃，或者破罐子破摔。

2. 每天都好好地关注自己

每天都关注自己,关注自己的情绪、行动有什么变化,思考变化的原因是什么,审视变化给自己带来哪些影响。

同时,我们还需要重温一下之前使用的技巧与方法,找到对自己有效的方法后,对它"区别对待"——选定了,不断地练习。

3. 对自己进行奖励与惩罚

审视与关注行为后,我们要根据自己的表现对自己进行奖励与惩罚。奖励,方式有很多,可以是物质的,也可以是精神的。当然,奖励也是有技巧的,需要与努力、成效结合起来,做到不提前奖励、不延后奖励。

而关于惩罚,需要注意一点:努力,成效不大,那么不应该惩罚。明确惩罚的目的是提升、改变,而不是情绪发泄。

4. 接纳成效慢,增强自我的意志与信念

严重的拖延症,不是一朝一夕就能使它有所改善的。所以,我们要坦然地接受自己的成长缓慢,树立与拖延症做长期斗争的决心,并且提高或加强个人的承受能力,如此才能避免再次被拖延症击垮。

摘掉你的"拖延者"标签

"我是个拖延症患者!"

"我做什么事都非常慢……"

"我好像不能摆脱拖延……"

……

这些话让我们很熟悉,常常从身边拖延的人或者我们自己口中冒出来。不难发现,这些话有两个共性:第一,存在主观判断;第二,给自己贴负面的标签。

可别小看这几个简单的标签,一旦在我们的潜意识中扎根了,就可能被拖延拖垮了一生。因为心理学上有一个非常有名的标签效应,意思是当一个人被他人或者自己贴上某一个标签时,便会进行自我印象管理,促使自己的行为与标签的内容保持一致。

也就是说,当我们给自己贴上了"我是拖延症患者""我做事拖延""我不能战胜拖延"这类标签以后,即便之前根本不拖延,只是有一点点做事速度慢,那么,大脑在这种消极暗示下,也会调整自己的行为,让自己与这个标签保持一致。

标签,往往固化我们的思维,说一次,就意味着强化一次。这是一个恶性循环的过程,就像是病毒入侵一样。开始可能没什么感觉,但是时间越长,中毒越深。等到发现时,你已经成为标签那样的人。

有这么严重吗?你是不是也有类似的怀疑?如果你不相信,来了解一下心理学家克劳特做过的关于标签效应的实验:他要求一群志愿者对慈善事业进行捐献,根据他们是否曾捐赠贴上不同的标签,即"慈善的人"和"不慈善的人"。相应的,他还邀请了另一群志愿者,并没有给他们贴任何标签。

一段时间后,他邀请所有人参加慈善捐赠,发现三种人的表现有不小差别:

标签效应

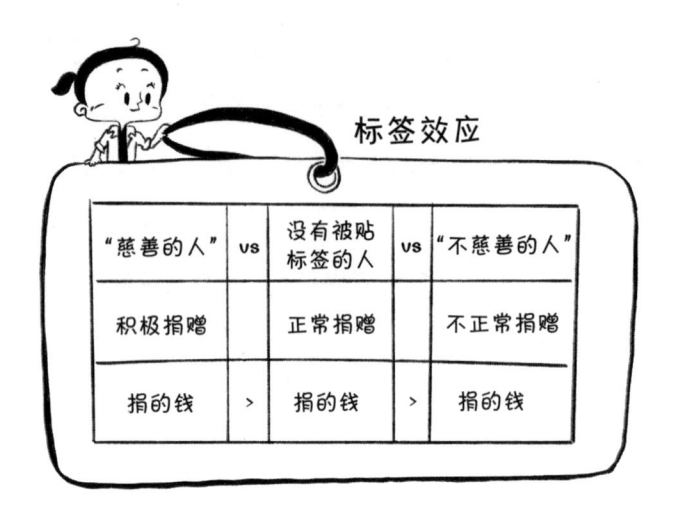

"慈善的人"	vs	没有被贴标签的人	vs	"不慈善的人"
积极捐赠		正常捐赠		不正常捐赠
捐的钱	>	捐的钱	>	捐的钱

　　看到了吧！这就是标签的力量。正面的标签，产生积极的作用，让我们的行为趋向正面、积极。而负面的标签，则产生负面的作用，让我们的行为趋向负面、消极。

　　注意，这还只是别人给我们贴标签，要是自己主动贴标签，那么它的力量可能会加倍，甚至几倍。

　　所以，如果你还没有给自己贴标签，就千万不要去做，要杜绝这样的事发生。如果你身上已经被贴上了标签，那么就立即撕掉！

　　如何撕掉身上的负面标签？

1. 挖掘我们潜意识中的消极成分

我们的潜意识中包括了许多消极的成分，比如恐惧、错误的价值观、对自己没信心、自我价值感低，等等。由于这些消极成分的存在，我们容易接受别人给自己贴上的标签，或者自己给自己贴的标签，让它长期控制我们的行为。

所以，我们必须挖掘出潜意识中的消极成分，剥离它、消除它，转而强化潜意识中的积极成分，比如接纳、喜悦、信念、对自己的期待、自我价值感高等。

2. 贴上一个正面的标签

贴上一个正面的标签，比如"我是高效者""我能战胜拖延""我有强大的执行力"等，这等于给我们积极的暗示，让潜意识里的消极成分被积极成分取代。在潜意识的影响下，大脑指挥我们调整自己的行为，从消极到积极，从拖延到高效。

3. 找到自我归属感

归属感是认同自己生活、工作的一种状态。想要撕掉身上的标签，我们就需要找到自我归属感，认同自我与自我价值，改变对自我的错误认知以及固化想法。

及时复盘，及时避坑

不复盘的人，很容易再次掉入同一个坑，以至于无法实现成长。

复盘了，才能坚持对的事，把错的事、错的方法彻底抛弃，杜绝其卷土重来。

其实，复盘的本质，就是反思、学习，然后不断优化更新、实现自我的进步。

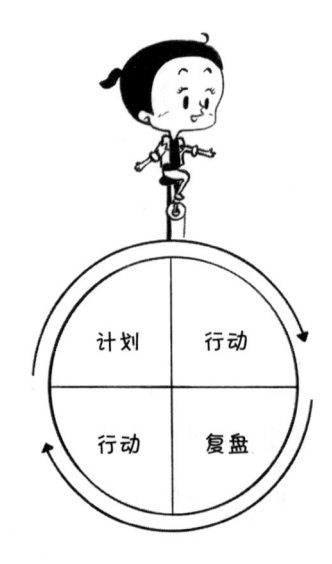

但是具体怎么复盘呢？首先我们得明确复盘的几个步骤：

回顾目标
评估结果
分析原因
总结经验
反馈优化
固定规律

1. 回顾目标

回顾我们当初的目标是什么。克服完美主义引起的拖延行为，让自己的工作更高效，或者学会科学地管理时间，摆脱瞎忙、白忙的困境。

然后再对照我们达到的结果，是否完全达到目标，与目标或期望的结果相差多少。

2. 评估结果

对比我们的行为结果与目标的差距，评估出结果，这样才有利于找到背后的原因。

比如，我们的目标是彻底克服完美主义引起的拖延行为，拿到任务就立即行动，有效地完成任务。通过一些有效的措施，结果是虽有些进步，但有时还有些拖延。结果与目标是有些差距的。

3. 分析原因

看到差距之后，我们就需要认真地分析原因了。分析原因时，要多问几个为什么：为什么依旧有些拖延，问题出在哪里，是方法出了问题，还是改变的意愿不强烈……

从主观因素和客观因素两个方面来分析，找到问题的关键，才有利于我们进行改进，设计新的行动计划。

4. 总结经验

设计新的行动计划时，我们需要总结之前的经验，优点是什么，可以继续坚持；缺陷是什么，尽快改进。

5. 反馈优化

在行动反馈中不断地优化自己的计划、行动，让自己始终保持正确的方向，紧贴目标、实现突破。明确三个点，即开始做什么、停止做什么、继续做什么。

6. 固定规律

通过复盘之后，我们可以总结出一些规律性的东西，如果长期坚持下去，可以让我们做得更好，更轻松地实现目标。所以，我们需要把这些规律固定下来，形成一套科学有效的做事方法，用来指导自己之后的行为与工作。

这一套复盘流程做下来，我们便可以改正错误，把事情做对，彻底与拖延症说"再见"了。

除此之外，我们需要注意几个问题：

1. 复盘时间分配

时间的分配是非常重要的，我们需要把大量时间分配到总结经验，行动计划的设计、优化方面，这样一来才能实现行为的完善与提升，实现最终的目标。

2. 分析原因要客观全面

分析行动效果与预期目标所产生的差距的原因时,要客观地进行分析,不带有主观情感色彩,同时,要全面分析,考虑多方面的问题。

3. 总结与反馈的时候要做到举一反三

举一反三的能力非常重要,它就是我们的思考能力、解决问题的能力,可以让我们极大限度地提升自己,且找到最佳方法来克服拖延。

输给别人，别输给自己

拖延症有轻微的表现，有严重的表现。严重的拖延症往往让我们产生强烈的自责情绪、负罪感，从潜意识中不断地否定、贬低自己。种种负面情绪，导致的结果就是陷入恶性循环，做事一直拖下去。

拖延就是自我调节的失败，想要战胜拖延的关键就是战胜自己，让自己变得更好。其实，战胜自己并不是什么难题，重点是把目光放在自己身上，而不是别人身上。

战胜自己的几大具体方式：

1. 不嘲笑他人，不与他人做比较

一些有拖延行为的人，自己有问题，却嘲笑那些比自己更拖延的人。其实，这种通过贬低别人来抬高自己的方式，实际上就是不自信、怯懦，"合理化"自己的行为，给自己带来一些心理安慰。又好像在说：我是拖延，但是我有能力拖延，有能力战胜拖延。

在他看来，自己的拖延是合理的、可控制的，然而久而久之便深陷其中了。所以，我们不能与其他人比较，更不能嘲笑与贬低其他人，这对于自己战胜拖延没有任何帮助，反而增加错误的认知。

2. 接纳自己，认清自己

我们自己就是自己最大的敌人。能让我们养成坏习惯、无法战胜坏习惯，甚至故步自封的，就是我们根深蒂固的认知误区、思维误区。

我们需要接纳自己、认清自己，与内心的自己进行交流、沟通，与内心的自己做朋友，然后明确自己的优点、长处、能力（品质）中最优越的那部分，明确自己的缺点、臭毛病、能力（品质）中最糟糕的那部分，思考如何去做、如何去扬长避短。

3. 相信自己，恢复对工作的信心与热情

有人曾经做过一份调查，调查如果有足够的钱，不用工作也可以生活得很好，人们还会不会继续工作。相信有很多人自信满满地说："当然是不工作呀！我相信和我同样选择的人很多！"

可事实上，83%的人会选择继续工作。因为，物质并不是人们工作的唯一动机，人们更多地通过工作来实现自我价值、追求梦想。这一份自我满足感，让大部分人对工作充满了信心与热情，高效不拖延。

因此我们要恢复自信，恢复对工作以及追求自我价值的热情，摆脱对生活的厌倦和拖延。

4. 学会自我关怀

完成任务的速度、工作的质量，是与我们的情绪息息相关的。因为任务而导致的负面情绪，比如因为任务难而焦虑，因

为任务完成不佳而沮丧、不自信、厌恶自己,直接影响了我们的工作状态,使我们不能更好地实现高效、高质量工作。

想要打破这种恶性循环,我们就需要调整自我情绪,让自己充满正能量。而前提就是关怀自己,接纳负面情绪,接纳自己的不足,获得自我原谅,实现自我激励。

5. 让自己变得更理性

理性的人,善于思考,找问题,想方法,然后实现优化与提升。感性的人很难做到这一点,他们更容易受情绪干扰,陷入自己的情绪或者思维陷阱中无法自拔,忽视了问题本身。

其实,看似因为不自律、不努力、直线执行力不够而导致拖延,其实都是自己的理性思维出现了问题,受情绪支配了。所以,我们需要让自己变得更理性,要做到以下三点:

保持心态平和稳定,不因困难、问题、麻烦而产生心理落差感;

以目标为导向,理性地去行动,排除一切干扰目标完成的因素;

做事有原则、有底线、有标准。

化被动为主动，找外援不如靠自己

有拖延症的人，自控能力都是比较差的。虽然制订了完美的时间管理计划，但是不执行、执行一段时间就不了了之；虽然通过有效的措施能够促使工作效率大为提升，但是稍一松懈，拖延症又严重了。

当然，这些人也知道自己自控能力差这一点，于是便把希望寄托于他人——找外援。

"外援"的类型可不少，大致可以包括：朋友、家人；老板、上司；专门的"人生监督师"。

朋友、家人——邀请朋友、家人来监督自己，充当自己的闹铃，监督自己的行为。

老板、上司——老板在自己身边，会按时完成工作，高效地做事。一旦老板不在身边，就开始放纵自己，做什么事情都敷衍了事、拖拖拉拉。上司督促了，规定了最后期限，就积极地做事，不敢偷懒与拖延。上司督促得不紧，没有规定最后期限，就找各种理由拖延、不行动。

专门的"人生监督师"——在网站下单，找到专业的监督师，为自己现身说法，同时提供监督服务。

有人监督，确实比一个人单打独斗要有效得多，对我们战胜拖延症也是有诸多帮助的。但是将希望寄托在别人的监督上，想借此来彻底摆脱拖延症，就有些痴人说梦了。

不管做什么，都需要我们具备自动自发地自主性，行动的意愿强烈，行动才更彻底。相反，若行动不是出于自发，而是被牵着走，被强迫着去做事，那么效果必定好不了。

高效者，往往都是自主性非常强、自控力非常强的人，他们的自我意识与独立意识非常强，虽然往往也想给自己自由的空间，但是善于用理智战胜冲动，根据原则和期望的结果选择行动的方式。

靠别人监督的人，往往不具备自主性，也严重缺乏自控力。他们的行为是消极被动的，或许一开始还能依靠别人的监督行动，久而久之，便产生逆反心理，更排斥行动了。结果，自然更拖延了。

不妨来看看积极主动者与消极被动者的一些差别：

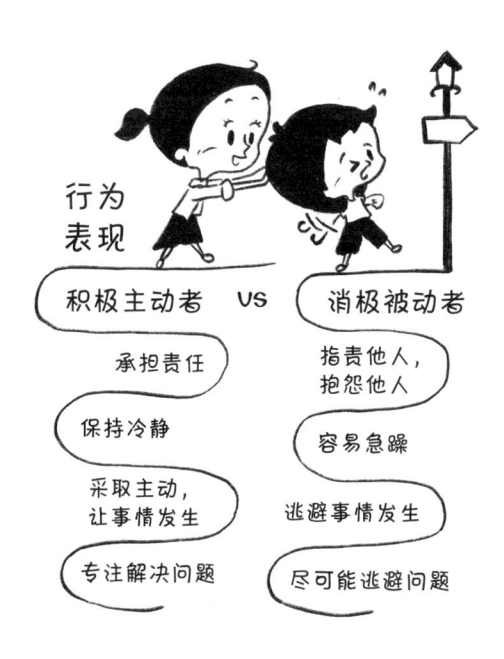

行为表现

积极主动者 VS 消极被动者

承担责任　　　　　指责他人，抱怨他人

保持冷静　　　　　容易急躁

采取主动，让事情发生　　逃避事情发生

专注解决问题　　　尽可能逃避问题

语言表现

积极主动者	VS	消极被动者
我一定		我应该
我会		我想
我要做		他让我做
我看看有没有其他可能		我无能为力
我能控制自己		我没办法了（我得依靠别人）

靠什么人，都不如靠自己。靠别人监督，才能按时完成任务，才能去做他应该做的事情的人，永远也无法成功，更无法战胜自己。所以，让自己由被动变主动，提升自我的自控能力，如此才能慢慢地战胜拖延。

给点正能量,抛开职业倦怠

你是职业倦怠中的一员吗?职业倦怠者在工作时,有以下类似表现:

对工作失去热情、兴趣;

不能专注于自己的工作;

做一些没有成效的事;

时常拖延,因为工作压力焦虑、影响睡眠;

消极地评价自己,工作能力体验和成就体验的下降;

认为工作不能实现自我价值,不能发挥自我才能;

严重的情况下,对工作产生厌恶情绪;

……

职业倦怠是一种普遍的职场现象，而且有 23% 的人经常处在倦怠状态下，有 44% 的人偶尔会陷入倦怠模式。职业倦怠不是拖延症，但是不可否认，它可以引发拖延，让我们的工作没有效率，成效非常小。

就是说，我们得与拖延症进行战斗，也得重视职业倦怠，积极地去应对！首先，我们需要明确自己是否属于容易得职业倦怠的三种人群：

1. 自我评价低、凡事追求完美、认为事情的结果是由机遇、运气等因素影响的外控性格的人

这一类人，始终努力成为对别人更重要的人，以表现自己工作与职业的光鲜亮丽，取得了耀眼的成就。于是，自己也越来越累，越来越焦虑、抑郁，产生倦怠的情绪。

2. 职业受挫、经历失败的人

努力地工作，受累受苦，却拿不到成绩、得不到升迁；或者接受重要任务，却不能完美完成，或者达不到预期目标。于是感到不公平、大受打击。

3. 初入职场的新人

职场新人想得比较简单、美好，结果没多久就遭受了职场的"毒打"，进而对职场、对未来产生怀疑，却无从发泄，只能压抑自己。

你属于哪一种人群？或者属于另外的人群？但不管怎样，我们都需要积极应对，而不是置之不理、任其发展，不是吗？那么，应该如何解决和应对它？

1. 认识和了解它

首先，我们需要认识和了解什么是职业倦怠，自己是否有了职业倦怠，因为什么而倦怠。

让自己意识到，自己正在经历倦怠，而它不是一种病，是能够被战胜的，可以自我治愈。

2. 寻求支持，让自己可以获得一些力量

可以与朋友沟通，倾诉内心的苦与闷，发泄不良情绪，如果情况比较严重，也可以向专业心理治疗师咨询，得到专业的治疗。

人，不是只能孤军作战的个体，只要有机会，就寻求身边的人、专业人士的支持，便可以多一些力量来战胜倦怠与拖延。

3. 抽出时间，定期做一些让自己愉悦的事

暂时离开工作，做一些让自己愉悦的事，对于解决职业倦怠是非常有帮助的。一般来说，职场人很难有机会休假、旅行，但是暂时离开是可以的，比如看个电影、去约会、去运动、去蹦迪、去爬山……

只要是自己喜欢的，能让自己内心愉悦的，都可以。

4. 找准职业兴奋点，恢复对工作的热情

如何找到职业兴奋点？

很简单，只需做好四个步骤：多角度评价自己，认识自己工作与职业的价值；做好时间管理，让工作更有条理；提升专业技能，增强实力；进行心理自测，自我调节。

5. 改变态度

有时对于工作的倦怠不在于客观的事，而在于人主观的心。如果发现倦怠来源于主观因素，我们就需要改变自己的态度，积极面对问题。

提高延迟满足的能力

我们总是情不自禁地玩手机，即便心里想着要去工作、看书、运动，但是行动之前，脑海里又冒出一个想法："先玩会吧！"然后，行动被搁浅了，玩手机的欲望被满足了。

其实，这是因为人都倾向于即时满足。

什么是即时满足？就是当下立即能得到的快乐。比如，你肚子饿了，吃了一块巧克力蛋糕，立即感到开心与快乐；你想玩游戏，立即来上一把，便感到满足与愉悦。

即时满足固然可以给我们带来快感，但是这种快感是短暂的，消失后，会让我们变得更加焦虑。然而，我们还是抵抗不住快乐的诱惑，控制不住自己，于是拖延、懒惰就产生了。

想要最终战胜拖延，我们就需要杜绝即时满足，控制住及时行乐的欲望。与即时满足相对的，就是延时满足。

关于这一点，有一个非常著名的实验，即"棉花糖实验"。

即时满足带来短暂快感，等待则让我们感觉痛苦

心理学家沃尔特·米歇尔邀请32名儿童参加实验，其中最小的孩子3岁6个月，最大的孩子5岁8个月。孩子们被依次单独留在一个房间内，面前都摆着一块棉花糖，事先被告知：你可以立即吃掉这块棉花糖，但是如果等待一会儿（15分钟）再吃，可以得到第二块棉花糖。

结果有些孩子立即把糖吃掉了；有些孩子有些举棋不定，拿起来，又放下，重复好几次；有些孩子则控制住了自己，虽然眼巴巴地盯着棉花糖，不断地跃跃欲试，但是最后还是坚持住了。

等待的孩子，满心欢喜地拿到了两块棉花糖。后来心理学家对这些孩子进行了跟踪调查，发现那些立刻吃掉棉花糖的人大多从事着简单、普通的工作，而那些忍住没吃的孩子大多做出了成绩，处于社会的中上层。

可见，与即时满足相比，延迟满足有利于我们工作发展与人生发展。因为他们有足够的自控力，为了更大的目标，能抵挡住当下的诱惑，能坚持做自己需要做、想做的事。

所以，不仅仅是为了战胜拖延，为了我们事业成功，也应该提升延时满足的能力。说到底，延迟满足能力与我们的价值观、意志力以及习惯息息相关，在我们的生活中，大部分问题都是因为没有找到延迟满足感而造成的。

如何能训练和提升我们的延迟满足能力？很简单，可以通过以下四个方面来解决：

1. 弄明白什么才是最重要的

我们需要想清楚一个问题：什么才是自己最重要的东西？享乐、工作、金钱、健康、成功？认为享乐是重要的，那么就容易倾向于即时满足，平时也抵挡不住诱惑，我想做什么就做什么，不在乎工作不工作，只为自己享受。

2. 明确自己的目标是什么

我们需要明确自己的目标，如短期目标、长远目标、最终目标。有了目标，便可以约束自己的行为，做出正确的选择。

3. 制订工作计划，确定优先级的工作

制订工作计划，有利于我们循序渐进地工作，有利于我们面对一系列工作时，按照计划与优先级的设定来约束自己，提醒自己"我要忍耐一下，我要高效工作"，积累能量，做到真正高效。

4. 定期奖励自己，即时满足与延时满足相结合

一下就做到延时满足，确实不太容易。我们需要将即时满足与延时满足结合起来，满足一下自己的短暂欲望，获得及时的享乐，然后再强化目标、任务，抵挡住诱惑，完成目标。

找到并留住战胜拖延的幸福感

与拖延症进行战斗，虽然过程有一些艰难，有时还感觉有点痛苦，但是取得成效后，或者摆脱拖延、做到高效之后，心中的成就感与幸福感是充盈的。

你之前存在拖延行为，今天的任务拖到明天，明天又拖到后天，出去游玩，虽然得到短暂的快乐，但是心中的压力也不小，玩也玩得不尽兴。越往后拖，内心的焦虑、烦躁情绪也就越严重，导致负担越来越大。

然而，战胜了拖延，今天的任务今天完成，及时处理所有的问题，这个过程虽然有些辛苦，不能及时享受，但是心里无任何压力，高效完成工作后，也可以享受到工作的乐趣。这种幸福感，相对于拖延时得到的暂时满足，是真正的幸福。

同时，相同的任务，之前占用你 3 天的时间，拖拖拉拉地完成，是一点成就感、自豪感都没有的。若是任务艰难的话，花费时间更多，关键还打击我们的信心。然而，若是现在一天就能完成，那么自信心与成就感就会顿时爆棚。

简单来说，战胜拖延，我们可以感受到幸福，让我们得到极大的心理满足。这是拖延时，远远无法比拟的。

想要阻止拖延卷土重来，我们需要找到战胜拖延的幸福感。尤其是拖延症状比较严重，我们的意图不是非常强时，更应该留住这种幸福感，给自己以莫大的支持与鼓励。

具体来说，我们可以做以下事情：

1. 明确拖延给我们带来的痛苦与快乐

我们做任何事情都是为了追求快乐,逃避痛苦,这不是我们自己说的,而是弗洛伊德提出来的"痛苦—快乐"理论。

我们可以把长期快乐与战胜拖延联系起来,把不改变和痛苦连接起来,记住幸福的感觉,就可以让自己的行为坚持下去。也就是说,要清楚不改变与改变会带来哪些痛苦与快乐,问自己一些具体问题,比如:

继续拖延,我需要付出什么代价;时间浪费了多少;懒惰带来哪些坏处;任务无法完成会产生哪些后果;工作与事业遭到哪些损失;等等。

战胜拖延,我可以获得多少快乐;时间节省了多少;工作上获得多少机会;高效工作让我的自我效能提升多少;获得多少好处;等等。

过去5年,过去1年,现在,未来1年,未来5年,因为战胜了拖延,我得到了哪些好处?明确了好处与报酬,记住了当时以及之后的幸福感和满足感,那么我们的行为就更积极了,意志更坚定了。

2. 给自己的正能量进行充电

正能量是我们内心深处的驱动力,促使我们保持积极向上的姿态，与拖延进行抗争，坚持有效的工作方法。但是，正能量可能被负能量侵蚀，我们需要给自己的正能量及时充电，具体可以采取一些有效的方法，比如提升自己，包括工作方式、工作热情，做自己喜欢的事情，可以听听愉悦的音乐、整理整理花草鱼虫，离开生活的舒适区，不断地挑战自己，等等。

正能量，可以让我们体会到激动和热情，也可以让我们体验到强烈的使命感，进而找到行动中的兴奋点。要是把激情和使命感匹配起来，那就更容易从战胜拖延的行动与结果中找到满足，把行动坚持下去了。

Epilogue | # 后 记

拖延是种病，没药真不行

"拖延等于慢性自杀"，这不是危言耸听！拖延的行为将慢慢地消磨人的心智，吞噬人的健康，让我们的人生变得无比糟糕。这比死亡还要可怕，不是吗？

不过，拖延症难以摆脱，但是并非不能摆脱。每一个拖延行为背后都有着它的原因，我们只要弄清楚自己拖延的原因，搞明白行为背后的目的与心理特征，便可以轻松地战胜拖延，打造强大的执行力。

曾经我也是一个资深拖延症患者，但通过学习各种知识以及自我调整，我已经改变了从前的状态。本书中记录和分享了我的拖延症自救建议，在创作中，要感谢我的插画师朋友钢琴节奏以及编辑老师，没有他们，就没有这本书的问世。

在这本书里，你将明白拖延症的一些具体表现、拖延症的类型，以及其拖延行为背后的原因；你将学会提升自我效能，打造强大的自信力；学会立即行动的新模式，在"行动"上下功夫；学会时间管理，在有效合理的时间内做重要的事，且在重要的事情上坚持到底；学会精力管理，从体能、情感、思维、意志四个维度来维护自己的精力充沛……本书总结的拖延症原因以及改善方法，希望能对各位"病友"有所帮助，对症下药，药到病除。但口说无凭，战胜拖延症的关键还是要行动起来，不要让这本书待在书架上落灰哟！

　　动漫剧《马男波杰克》中说："要么被黑洞吞没，要么改变自己。"想要改变现状，就行动起来，一起来打败拖延症吧！相信你可以的！